普通高等教育农业部"十二五"规划教材
全国高等农林院校"十二五"规划教材

兽医内科学实验指导

王建华　主编

中国农业出版社

编 写 人 员

主　编　王建华　西北农林科技大学
副主编　袁　慧　湖南农业大学
　　　　　陈进军　广东海洋大学
　　　　　庞全海　山西农业大学
　　　　　吴金节　安徽农业大学
参　编（以姓名笔画为序）
　　　　　王　妍　西北农林科技大学
　　　　　邓俊良　四川农业大学
　　　　　李艳飞　东北农业大学
　　　　　李勤凡　西北农林科技大学
　　　　　韩　博　中国农业大学

前　言

《兽医内科学实验指导》是普通高等教育"十一五"国家级规划教材《兽医内科学》（第四版）的配套教材，主要用作兽医类专业本科生的教科书，也可作为兽医临床工作者的参考书。

教材是体现教学内容和教学要求的知识载体，是进行教学的基本工具和提高教学质量的重要保证。为落实教育部《关于进一步加强高等学校本科教学工作的若干意见》和《关于以就业为导向深化高等职业教育改革的若干意见》的精神，教材必须体现素质教育和创新能力与实践能力的培养，为学生知识、能力、素质协调发展创造条件。

本书内容包括兽医内科学常用诊疗技术、常见兽医内科疾病的诊断与治疗、兽医内科疾病的实验室诊断、常见毒物的检验和重要动物内科疾病的复制，共有五章三十一个实验，各实验内容均按照统一格式编写。每个实验分为实验目的、实验准备、实验内容、实验总结（或注意事项）等四个部分，并附有复习思考题。各院校师生在使用过程中，可根据授课学时和当地实际条件进行增减。

本书编写人员均为目前正在第一线从事该课程教学工作，文字表达能力强，有较丰富的教学实践经验、一定的科研能力，且具有地域和院校代表性。

本书的内容和格式仍需继续提高完善，缺点在所难免，恳请读者提供宝贵意见，以便再版时改进。

编　者
2012 年 10 月

目 录

前言

第一章 兽医内科学常用诊疗技术 ························· 1
实验一 病畜的接近与保定 ························· 1
实验二 病畜的基本检查 ························· 6
实验三 投药 ························· 8
实验四 注射 ························· 12
实验五 穿刺 ························· 16
实验六 胃肠洗涤 ························· 20
实验七 牛网胃内金属异物探查与排除 ························· 24

第二章 常见动物内科疾病的诊断与治疗 ························· 27
实验八 反刍动物前胃弛缓 ························· 27
实验九 皱胃变位 ························· 33
实验十 胃肠炎 ························· 36
实验十一 肺炎 ························· 43
实验十二 奶牛酮病 ························· 54
实验十三 尿道结石 ························· 56

第三章 动物内科疾病的实验室诊断 ························· 62
实验十四 检验材料的采集和保管 ························· 62
实验十五 酮体测定 ························· 65
实验十六 血液 pH 测定 ························· 72
实验十七 肝脏功能检验 ························· 75

第四章 常见毒物的检验 ························· 89
实验十八 氢氰酸的检验 ························· 90
实验十九 亚硝酸盐的检验 ························· 93
实验二十 食盐（氯化物）的检验 ························· 96
实验二十一 有机磷农药的检验 ························· 103
实验二十二 毒鼠药的检验 ························· 108
实验二十三 氟的检验 ························· 111

实验二十四　铅的检验 ……………………………………………………………… 117
　　实验二十五　硒的检验 ……………………………………………………………… 120
　　实验二十六　重要霉菌毒素的检验 ………………………………………………… 123

第五章　重要动物内科疾病的复制 ……………………………………………………… 132
　　实验二十七　有机磷制剂中毒 ……………………………………………………… 132
　　实验二十八　膀胱炎 ………………………………………………………………… 136
　　实验二十九　反刍动物瘤胃酸中毒 ………………………………………………… 138
　　实验三十　食盐中毒 ………………………………………………………………… 140
　　实验三十一　硒缺乏病 ……………………………………………………………… 144

主要参考文献 …………………………………………………………………………… 149

第一章

兽医内科学常用诊疗技术

实验一 病畜的接近与保定

（一）病畜的接近

【实验目的】 练习接近病畜的方法，掌握兽医内科学临床诊疗的基本技能。

【实验方法】 通过病畜的主人或饲养人员了解病畜的习性、名字、特点等，待病畜发出温和的呼吸时，温和地呼叫病畜的名字，以示善意，使病畜安静并消除恐惧。进而在病畜主人或饲养人员的陪同与帮助下，从其侧面或前面徐徐接近。然后，用手抚摸病畜的背、胸，使其顺从，以便进行检查和治疗。对于野生或凶猛的病畜，不可贸然接近，应在稳妥保定后方可接近，以防发生意外。

【实验内容】

1. 马属动物的接近 从前方或前外方接近，并发出患畜熟悉的声音，以免引起惊恐。由畜主抓住笼头或缰绳，检查者轻轻抚摸马的头颈部以示亲近。当发现其睁大眼睛、耳朵后竖或不断转动、骚动不安、神态紧张时，应暂缓接近，待其安静后再慢慢接近并进行检查。

2. 牛的接近 大多数牛容易接近，但少数牛有攻击行为，如用角顶、后肢向前外方踢等。当发现牛有低头、眼睛斜视、两耳前倾、神态紧张等表现时，应暂缓接近，可先喂些草料，或发出温和的呼唤声，以消除其紧张情绪，待其安静后再接近。接近时由畜主牵住牛的缰绳或抓住鼻中隔向上提，检查者从牛的前方或前外方接近，轻轻抚摸病牛的头颈部和鬐甲部，待其安静后再进行检查。

3. 猪的接近 从猪的后方或侧方缓缓接近，同时发出温和的呼唤声音。用手轻轻抚摸其背、腹等部位，待其安静后，再进行检查。切不可突然将猪捉住，或许多人围在猪的周围，容易引起猪的惊恐、骚动、挣扎，影响检查结果。对较难接近的种公猪、种母猪应警惕其突然伤人。也可将其赶入较窄的铁笼或走道，限制其防卫活动，然后再接近。

4. 犬的接近 犬的反应灵敏，虽经人工饲养，仍不会完全脱离野性，所以在接近病犬时要谨防被咬。应让畜主抱住犬的颈部，并轻轻地抚摸或逗引，检查者从犬的后方接近，进行检查和治疗。

【注意事项】

（1）首先观察病畜的自然状态，如起卧站立姿势、体态，有无喘气、反刍等情况。对于远途而来的病畜，应使其适当休息后再行检查。

(2) 向畜主了解病畜的性情，有无咬、踢、抵等恶癖，不可鲁莽行事。对个别性情暴躁的病畜，应先进行安全保定，再接近检查。

(3) 对大家畜，使检查者在病畜视野中，并向其发出友善信息，以引起病畜注意，然后徐徐接近，切勿从侧后突然走近或站在马的臀部后方或牛角的旁边，以防被踢踢或角抵。

(4) 有些病畜在接近时会突然发出攻击人的姿势。此时要镇静，切莫胆怯逃跑，必要时可大声吆喝，使之被震慑驯服。

(5) 有的家畜外表看来很温顺，或病情严重，但接近时不能做突然动作，不能粗暴，以防引起惊恐，发生意外。

(6) 检查时双脚呈八字形站立，手放于病畜适当部位（如肩部、髋结节），一旦病畜骚动抵抗时，即可作为支点向对侧推住畜体，便于迅速退让。切忌双脚合并及下蹲。

(7) 检查牛或马的前肢时，应将病畜头部下压。检查后肢时将头部上抬，使病畜重心移动，不便踢人。

(8) 如怀疑病畜有人畜共患传染病时，应采取相应的防护措施后接近。

（二）病畜的保定

【实验目的】 为了减少病畜的痛苦，使其保持自然状态，保证兽医师及助手不致遭受危险，使临床检查和治疗操作能够安全进行。对于骚动不安以及恶癖或狂暴的患畜，可以适当进行强制性保定。

【实验方法】 畜禽的保定应根据动物品种、个体特性、诊治目的，采取不同的方法。保定方法必须可靠安全，在临床实践中应因地制宜，采用简单、迅速、安全、确实有效的保定方法。

1. 根据保定的材料分

(1) 人力保定法：适用于中、小病畜的一般临床诊断和治疗，如提举保定法、徒手保定法；也可用于大家畜的保定，如马的鼻捻子保定法、耳夹子保定法、牛的鼻钳子保定法等。

(2) 器械保定法：是使用最广泛的保定方法，如猪的网架保定法，马、牛的前后肢单绳提举法、二柱栏、四柱栏、六柱栏保定法等。

(3) 药物保定法：又称化学保定法，仅用于性情凶猛、难以接近的野生动物的保定。

2. 根据病畜保定时的姿势分

(1) 站立保定法：即让被保定的病畜保持原来的站立状态。常用于临床检查、注射、投药及某些外科手术。如猪的套绳保定法，牛的角根保定法、柱栏保定法等。

(2) 侧卧保定法：常用的侧卧保定法有提肢倒牛法、双抽筋倒马法等。但应注意，能在站立保定下进行诊治的，应尽量不采取侧卧保定法。

【实验内容】

1. 马属动物的保定

实验准备：马1～2匹，耳夹子、鼻捻子、保定绳8～10m、扁绳、柱栏等。

(1) 耳夹子保定法：一手抓住马耳，另一手迅速将耳夹子放在马耳根部并用力夹紧。

(2) 鼻捻子保定法：将鼻捻子的绳套套在左手并夹于指间，右手抓住笼头，左手从额部向下抚摸至上唇并迅速抓住，将绳套套在上唇上，然后快速向一侧捻转，把柄拧紧。

(3) 徒手前肢保定法：检查者站在马肩部侧方，面向马后部，一手置于鬐甲部，另一手由颈、臂向下抚摸至掌部后迅速握紧。提举时，随着置于鬐甲部的手稍向对侧推的同时，乘势提举前肢即可进行检查。

（4）徒手后肢保定法：从马的头颈部逐步接近后肢，面向马体后方，以一手抵于髂骨外角或股部做支点，并抓住马尾；另一手顺后肢向下抚摸，直至球节。然后，作支点的手用力向对侧推病畜体躯，另一手用力将后肢提举。当后肢离开地面时，立即用自己内侧大腿将其顶向后方，用内侧手将跗关节上部夹入腋间而紧握跖部，并把球节置于自己大腿上，以两手固定。

（5）绳索提举保定法：检查者站在提举肢一侧，然后一手握住系部，另一手将绳扣于前肢系部，并在肢外侧打一活结，绳游离端经鬐甲部绕向对侧保定。提举时，助手在对侧拉住绳头把马前肢提起，然后将绳头在胸部绕一圈后拉紧。

（6）两后肢绳索保定法：用一根长8～10m的绳子对折，使其成为一个颈套套于马颈基部，两端通过两前肢和两后肢之间，分别向左右两侧反交叉，使绳套落于两后肢系部后，将前引绳在颈套上打结固定。此法可防止后踢，常用于直肠及阴道等部位的检查。

（7）柱栏保定法：一般常用六柱栏。两个门柱用于固定头颈，两个前柱和两个后柱用于固定体躯。保定时，先将前带装好，马由后方引入后装上尾带，并把缰绳拴在门桩上。为防止马跳起，可用扁绳拴在下横梁上，再通过鬐甲部于另侧横梁上打结；为防止马卧下，可用扁绳拴在上横梁上，再通过腹下于另侧横梁上打结（或用腹带置于马腹下）。

2. 牛的保定

实验准备：牛1～2头，鼻钳、保定绳、柱栏等。

（1）徒手保定法：一手握住牛角根部，另一手拉提鼻绳、鼻环。若牛无鼻环或鼻绳，应一手先握住牛角根，另一手从下向上将牛下巴拖起，并顺着嘴端迅速转手握住鼻中隔即可保定。

（2）鼻钳保定法：用鼻钳迅速钳住牛鼻中隔，并紧握钳柄固定。亦可用绳系紧钳柄固定。

（3）两后肢保定法：先在牛一后肢跗关节上方系一绳，将游离端与另一后肢作8字形缠绕数道，并在中间打结保定。此法适于牛直肠、乳腺及后躯的检查和治疗。

（4）五柱栏保定法：先将五柱栏的活动横梁按所保定的牛体高度调至胸部1/2水平线上，同时按该牛胸部宽度调好横梁的间距，然后将牛牵入五柱栏，上好前后保定绳，将牛头固定在前柱上即可。必要时可加背带和腹带。适用于临床一般检查或治疗时的保定。

3. 羊的保定

实验准备：羊的性情比较温顺，保定者可穿上工作服徒手操作。需倒卧保定时，准备保定绳即可。

（1）站立保定法：保定者用双手分别紧握羊两耳或两角，然后保定者骑在羊背上，用两膝夹住羊的颈部或背部，用手抓住并固定羊的头部。适用于成年羊的一般检查和注射、灌药等。

（2）坐式保定法：保定羔羊时，保定者使羊背朝向保定者，头向上，臀部向下，两手分别握住羊的前后肢。

（3）倒立式保定法：保定者骑跨在羊颈部，面向羊的后侧，两腿夹紧羊体，弯腰将两后肢提起。此法适用于去势、后躯检查等。

（4）横卧保定法：保定大羊时，术者可站在羊体一侧，双手从对侧分别握住羊的前后肢，使羊呈侧卧姿势。为了保定牢靠，可以用绳将羊的四肢缠绕固定。

4. 猪的保定

实验准备：猪（根据实验分组准备），保定绳、套猪器、专用保定车等。

（1）倒立保定法：两手握住猪两后肢飞节并提起，两膝夹住背部；亦可用绳拴住两飞节吊在横梁上。此法适用于子宫脱及阴道脱的整复，灌肠及腹腔注射等。

（2）绳套保定法：用长1.5m（筷子粗）的绳，一端做一活套，一人握住猪的两耳上提，在猪嚎叫时把绳套套入猪上颌犬齿后面并抽紧，再把绳的另一端拉紧或拴在栏柱上，此时猪常做后退运动，当猪退至被绳拉紧时，便站住不动。解脱时，只需把活结的绳头一抽便可。此法适用于一般检查、灌药及注射。

（3）提举保定法：抓住猪的两耳并迅速提起，使前肢腾空，同时用两膝夹住其背部，使腹部朝前。此法适用于灌药或肌肉注射。

（4）侧卧保定法：左手抓住猪的右耳，右手抓住右侧膝前皱褶，向术者怀内提举放倒，然后使前后肢交叉，并用绳索固定。此法适于静脉注射及手术等。

（5）套猪器保定法：将套猪器套牢猪上嘴唇，另一端固定在铁圈或柱子上，也可固定于比较结实的地面等处。适用于注射疫苗、药物等的保定。

（6）网架保定法：取两根木棒，用绳在两根木棒间编织成网并放在地上，将猪赶入网架后随即抬起网架，再用长凳垫于木棒两端，使猪四肢落入网孔并悬空。此法适用一般检查及猪的耳静脉注射。

（7）双绳放倒法：主要适用于性情较温顺的猪。用两条3m长的绳索，一条系于右前肢掌部，另一条系于右后肢跖部，两绳端越过腹下到左侧，分别向相反方向牵拉，随后两助手按压住猪的头部并捆缚固定。

5. 犬、猫的保定

实验准备：犬或猫（根据实验分组准备）。保定器具，伊丽莎白圈、嘴套、长柄捕捉钳、保定绳、条凳、纱布条、毛毯、毛巾等；药物，盐酸氯胺酮、保定灵、苏醒灵等。

（1）徒手保定：温顺的犬、猫由主人抱起即可。必要时，用一大块毛巾或毯子覆盖在其身上抓住保定。猫爪很锐利，保定时要注意防止被抓伤，保定者可一手抓住猫颈背部皮肤，另一手托住腰荐部或臀部，或者双手抓住四肢保定。进行一般检查和治疗。如要进行阉割手术时，母猫可采取仰卧保定。公猫在保定台上进行右侧卧保定。有困难时，肌肉注射盐酸氯胺酮，进行化学保定。

（2）头部固定：固定犬头需用一特制的犬头固定器。该器具为一圆铁圈，圈的中央有一弓形铁，与棒螺丝相连，下面有一根平直铁闩。操作时先将犬舌拉出，把犬嘴插入固定器的铁圈内，再用平直铁闩横贯于犬齿后部的上下颌之间，然后向下旋转棒螺丝，使弓形铁逐渐下压在犬的下颌骨上，把铁柄固定在实验台的铁柱上即可。

（3）四肢固定：由畜主抓住颈部项带，抱住犬头，仍然无法实施检查和治疗的犬，可用长柄捕捉钳按压犬的颈部，用脚踩住尾根部使其倒卧。为防止犬咬伤人，可用纱布绷带打成平结，套住上下颌，将绷带末端在两耳后打上活结。然后根据检查和手术的需要进行捆扎四肢等方式的固定。

6. 禽的保定

实验准备：家禽（鸡、鸽、山鸡等），保定用固定板等。

（1）小型禽类保定法：鸽、小鸡等小型禽，可将其两脚夹在食指和中指间，拇指和其余手指拢住翅膀。鸭、鹅等水禽，一手抓住两翅基部，另一手抓住两脚。其他鸟类，可用两手抓住，拇指压在翅膀上，手掌紧贴胸部，并将鸟的两腿紧扣在两手交错的手指间。但保定鹌鹑时，抓一只翅膀常易引起挣扎而造成骨折和损伤，应一下子抓住整个身体，并把翅膀紧紧扣在身上。

（2）鸡的保定方法：

①手术固定板保定法：从鸡后面抓住鸡腿上部，反时针方向交扭双翅，然后使鸡侧卧于手术固定板上，分别用绳子把鸡的双腿和交扭的两翅适度捆绑。

②保定板保定法：将鸡的两翅在其根部作一交扭，然后使两腿向后伸直，用保定板上的绳子把两腿捆在保定杆上，保定板的另一端置于鸡的胸下，将鸡左侧卧在桌凳上。此法可用于鸡的阉割术。

保定山鸡等珍禽与家禽基本相同，需注意的是珍禽虽经长期驯化，但较家禽易受惊吓，且性情急躁，在接近和保定时切不可鲁莽，否则在捕捉保定后可能突然死亡，在山鸡比较多见。

7. 家兔的保定

实验准备：家兔、兔台、兔盒等。

（1）抓取：实验家兔多数饲养在笼内，所以抓取较为方便，一般以右手抓住兔颈部的毛皮提起，然后左手托其臀部或腹部，让其全身重量的大部分集中在左手上。这样就避免了抓取过程中的损伤。不能采用抓双耳或抓提腹部的方法保定家兔。

（2）徒手保定：保定者抓住兔的颈部背侧皮肤，将其放在检查台上，两手抱住兔头，拇指、食指固定住耳根部，其余三指压住前肢，即可达到保定的目的。

（3）手术台保定：一手抓住兔的颈背侧皮肤，另一手托住臀部，将兔仰卧在手术台上，抽回托住臀部的手，握住两后肢，助手用绳带捆绑兔的四肢，使腹部向上固定在手术台上，头部用兔头夹固定。用粗棉绳活结绑住并拉直四肢，将绳绑在兔台四周的固定木块上，头以固定夹固定或用一根粗棉绳挑过兔门齿绑在兔台铁柱上。适用于测量血压、呼吸或手术时保定。

（4）马蹄形固定：多用于腰背部，尤其是颅脑部位的诊疗。固定时先剪去两侧眼眶下部的毛，暴露颧骨突起部位，调节固定器两端钉形金属棒。使其正好嵌在突起下方的凹陷处，然后在适当的高度固定金属棒。用马蹄形固定器可使兔背卧位和腹卧位，是常采用的固定方法。

（5）盒式固定：保定时，后盖启开，将兔头向内放入，待兔头从前端内套孔中伸出后，调节内径，使之正好卡住兔头不能缩回盒内为宜，装好后盖。适用于兔耳采血、耳血管注射等情况。

【思考题】

（1）如何根据各种动物的生活习性，正确接近病畜？

（2）常见畜禽的保定方法有哪些？

（3）不同病畜的保定方法有哪些？

实验二 病畜的基本检查

【实验目的】 学习、练习临床常见兽医内科病的检查方法和基本操作技术，熟悉应用范围及注意事项，了解这些方法在兽医内科疾病诊断中的应用。

【实验内容】

1. 问诊 通常在进行畜体临诊检查之前，向畜主（或饲养员）调查、了解畜群或病畜及其发病的相关情况进行。

实验准备：病畜，能够提供病畜患病情况及相关信息的畜主或饲养员。

（1）病史：病畜既往的患病情况。

（2）现病历：本次发病的时间、地点、病畜的主要表现；疾病的经过及所采取的治疗措施与效果。

（3）平时的饲养、管理、使役情况。

（4）怀疑传染病或群发病时，进行有关流行病学调查。

（5）语言要通俗，态度要和蔼，尽可能取得畜主的很好配合。

（6）在内容上既要有重点，又要全面搜集情况；一般可采取启发的方式进行询问。

【注意事项】 对问诊所得到的材料，不要简单地肯定或否定，应结合现症检查结果，进行综合分析；更不要单纯依靠问诊而草率做出诊断或立即给予处方、用药。

2. 视诊 通常是用肉眼直接观察被检病畜。必要时，可利用简单器械作间接视诊。视诊可以了解病畜的概况和判明局部病变的部位、形状及大小。

实验准备：病畜。

（1）直接视诊：一般先不要接近病畜；也不宜进行保定，应尽量使病畜取自然的姿态。检查者在病畜左前方1～1.5m处，首先观察其全貌，然后由前往后、从左到右、边走边看；观察病畜的头、颈、胸、腹、脊柱、四肢。当走至正后方时，应注意尾、肛门及会阴部；并对照观察两侧胸、腹部是否有异常；为了观察运动过程及步态，可进行牵遛；最后再接近病畜，进行细致检查。

（2）间接视诊：根据需要应做适当地保定，对各系统或某系统进行详细观察。

【注意事项】

（1）对新来的门诊病畜，应使其稍经休息，适应一下新的环境，待呼吸平稳后再进行检查。

（2）最好在自然光照的场所进行。

（3）收集症状要客观、全面，不能单纯根据视诊所见的症状做出确定诊断，应对检查的结果，进行综合分析与判断。

3. 触诊 一般在视诊后进行。对体表病变部位或有可疑病变的部位用手触摸，从而判定其病变的性质。

实验准备：病畜。

（1）检查体表的温度、湿度或感知某些器官的活动情况（如心搏动、脉搏、瘤胃蠕动等）时，应以手指、手掌或手背接触皮肤进行感知。

（2）检查局部硬度，应以手指进行加压或揉捏，根据感觉及压后的现象去判断。

（3）病畜的敏感性，在触诊的同时注意病畜的反应及头部、肢体的动作，如病畜表现回视、躲闪或反抗，常是敏感、疼痛的表现。

（4）对内脏器官的深部触诊，根据病畜的个体特点（如畜种、大小等）及器官的部位和病变情况用手指、手掌或拳进行压迫、插入、揉捏、滑动或冲击等触诊方法。对中、小病畜可通过腹壁行深部触诊；对大病畜还可通过直肠进行内部触诊。

（5）对某些管道（食管、瘘管等），可借助器械（探管、探针等）进行间接触诊（探诊）。

【注意事项】欲触诊马、牛的四肢及腹下等部位时，要一手放在畜体的适宜部位做支点，用另一手进行检查；并应从前往后、自上而下地边抚摸边接近欲检部位，切忌直接突然接触。检查某部位的敏感性时，宜先健区后病部，先远后近，先轻后重，并应注意与对应部位或健区进行对比；应先遮住病畜的眼睛；注意不要使用能引起病畜疼痛或妨碍病畜表现反应动作的保定方法。

4. 叩诊　敲打病畜体表的某一部位，根据所产生音响的性质，来推断内部病理变化或某器官的投影轮廓。

实验准备：病畜，叩诊板、叩诊槌。

（1）直接叩诊法：用手指或叩诊锤直接向病畜体表的一定部位（如鼻旁窦、喉囊、马盲肠、反刍兽瘤胃）进行叩击，判断其内容物性状、含气量及紧张度。

（2）间接叩诊法：主要适用于检查肺脏、心脏及胸腔的病变；也可用以检查肝、脾的大小和位置。

①指指叩诊法：用于中、小病畜。通常以左手的中指紧密地贴在检查部位上（用做叩诊板），用由第二指关节处呈 $90°$ 屈曲的右手中指做叩诊锤，并以右腕做轴而上、下摆动，用适当的力量垂直地向左手中指的第二指节处进行叩击。

②锤板叩诊法：用于大病畜。即用叩诊锤和叩诊板进行叩诊，通常以左手持叩诊板，将其紧密地放于检查的部位上；右手持叩诊锤，以腕关节做轴，使锤上下摆动并垂直地在叩诊板上连续叩击 2~3 次，听取其音响。

【注意事项】

（1）叩诊板应紧密地贴于病畜体壁的相应部位上，对消瘦病畜应注意勿将其横放于两条肋骨上；对叩诊部位毛多而厚时，应将被毛拨开进行。

（2）叩诊板须用强力压迫体壁。除叩诊板（指）外，其余手指不应接触病畜体壁，以免影响振动和音响。

（3）叩诊锤应垂直地叩在叩诊板上；叩诊锤在叩打后应很快地离开。

（4）为了均等地掌握叩诊的力强，叩诊的手应以腕关节做轴，轻松地上下摆动，进行叩击，不应强加臂力。

（5）在相应部位进行对比叩诊时，应尽量做到叩击的力量、叩诊板的压力以及病畜的体位等一致。

（6）叩诊锤的胶头要注意及时更换，以免叩诊时发生锤板的特殊碰击音而影响准确的判断。

5. 听诊　是听取病畜某些器官在活动过程中所发生的声音，借以判定其病理变化的方法。

实验准备：病畜，听诊器（喇叭口、普通型）。

（1）直接听诊法：先在病畜体表上放一听诊布，然后用耳直接贴于病畜体表的欲检部位进行听诊。检查者可根据检查的目的采取适宜的姿势。

（2）间接听诊法：即应用听诊器在欲检器官的体表相应部位进行听诊。

【注意事项】

（1）为了排除外界音响的干扰，应在室内且病畜安静时进行。

（2）听诊器的耳塞与外耳道相接要松紧适当，过紧或过松都影响听诊的效果。听诊器的集音头要紧密地放在病畜体表的检查部位，并要防止滑动。听诊器的胶管不要与手臂、衣服、病畜被毛等接触、摩擦，以免发生杂音。

（3）听诊时要聚精会神，并同时要注意观察病畜的活动与动作，如听诊呼吸音时要注意呼吸动作；听诊心脏时要注意心搏动等，并应注意与传导来的其他器官的声音相鉴别。

（4）听诊胆怯易惊或性情暴烈的病畜时，要由远而近地逐渐将听诊器集音头移至听诊区，以免引起病畜反应。听诊时仍需注意安全。

6. 嗅诊 是以嗅觉判断发自病畜的异常气味与疾病关系的方法，这些异常的气味多半来自皮肤、黏膜、呼吸道、呕吐物、排泄物、脓液等部位的病理性产物。

实验准备：病畜、病畜分泌物或排泄物。

嗅诊时，检者用手将病畜散发的气味扇向自己的鼻部，然后仔细地判断气味的性质。

常见分泌物和排泄物气味的诊断意义：呼出气体和尿液带有酮味，常常提示牛和羊的酮血症；呼出气体和鼻液有腐败气味，提示肺脏有坏疽性病变；呼出的气体和消化道内容物中有大蒜气味，提示有机磷中毒；粪便带有腐败臭味，多提示消化不良或胰腺功能不足；阴道分泌物化脓、有腐败臭味，提示子宫蓄脓或胎衣停滞。

【思考题】

（1）兽医内科疾病的临床诊查基本方法有哪些？

（2）区分病畜正常和异常表现的方法有哪些？

实验三 投 药

防治动物内科疾病，投服药物是临床基本技能之一。如病畜尚有食欲，药量较少且无任何特殊气味，可将其混入饲料或饮水中使之自然采食。必要时则采用适宜的方法，将少量的水剂药物，或将粉剂、研碎的片剂、丸剂加适量的水制成溶液、混悬液，多数中药的煎剂等经口投服。胃管投药适用于灌服大量水剂或可溶于水的流质药液，也可用作食道探诊（探查其通透性）、排气（反刍动物）、抽取胃液或排出胃内容物及洗胃，有时用于人工喂饲，各种病畜均可应用。

（一）经口灌药

【实验目的】根据病畜种类和药物剂型选用适宜的投服方法，掌握正确的投药方式，达到药尽其效的目的。

【实验准备】

(1) 实验动物：马、牛、猪、犬、鸡，根据实验分组准备。

(2) 实验用具：根据病畜的不同可准备灌角、竹筒、橡皮瓶或长颈瓶、盛药盆等。

【实验内容】

1. 反刍动物的灌药 牛经口灌药多用橡胶瓶或长颈玻璃瓶，或以竹筒代替。

(1) 一人牵住牛绳抬高牛头，或紧拉鼻环或握住鼻中隔使牛头抬起。必要时使用鼻钳，或术者用手按上法使牛头抬高。

(2) 术者左手从牛的一侧口角处伸入，打开口腔并轻压舌头；右手持盛满药液的药瓶自另侧口角伸入并送向舌背部，抬高药瓶后部并轻轻振抖。如是橡皮瓶则可轻压使药液流出，在配合吞咽动作中灌入，咽后继续灌完。注意，不可连续灌服或将药液一下子全部灌入，以免误咽。

2. 马属动物的灌药 马属动物经口灌药通常用灌角或橡胶瓶。

(1) 站立保定，用吊绳系在笼头上或绕经上腭切齿后方，而绳的另一端经过一横木或柱栏横杆后，将其拉紧，使马头吊起，口角与耳根平行，畜主的另一只手把住笼头。

(2) 灌药者站在病畜右边或左前方，一手持药盆，另一手持灌角或灌药瓶，盛满药液，自一侧口角通过门、臼齿间的空隙插入口中并送向舌根，抬高灌角的柄部或药瓶底部，将药液灌入；待其咽下后再灌，直至将药液灌完。

片剂、丸剂及舔剂的经口灌服方法与牛、羊相似。

3. 猪的灌药 小猪灌服少量药液时可用药匙（汤匙）、竹片或注射器（不接针头），大猪可用小灌角。

(1) 一人握住猪的耳朵或两前肢并提起前躯，大猪在必要时应行适当保定。

(2) 猪体较大时，可将其仰卧在长食槽中或地上，用木棍将嘴撬开（或用开口器），并将药匙或注射器经口角插入，徐徐灌入或注入药液。

(3) 哺乳仔猪灌药时，畜主右手握住两后肢，左手从耳后握住头部，并用拇指、食指压住两侧口角，使猪呈腹部向前，头在上姿势。用药匙或注射器自口角处插入，慢慢灌入或注入药液。仔猪、育成猪或后备猪灌药时，畜主握住两前肢，使腹部向前向上，将猪提起，同时把后躯夹于两腿间保定。

片剂、丸剂可直接从口角处送入舌背部；舔剂可用药匙或竹片送入，投药后使其闭嘴自行咽下。

4. 禽类灌药 禽类经口灌药一般用滴管、眼药水瓶、注射器等。畜主抓住禽的翅膀及腿部进行保定。灌药时用手拇指和食指抓住冠或头部皮肤，亦可用拇指和食指压住两侧口角，使嘴张开，用另一只手将药液滴入，让其咽下后再滴，直至灌完。有时可用小号导尿管，套上玻璃注射器，将药液直接送入食道。

给成年禽类投服片剂、丸剂药物时，可用左手食指伸入舌基部，将舌尽量外引，并与拇指配合固定在下腭上，右手将药物投入；松开左手并固定头部，让其自行咽下。必要时可调入少量的清水，以便吞咽。粉剂药物最好溶于水或与少量面粉做成丸状后投服，也可将其放在折成槽状的纸片内直接投入口腔。

(二) 胃管投药

【实验目的】 掌握胃管插入、投药、拔出的方法与技巧；学会胃管插入气管或食道的鉴别发法。

【实验准备】

(1) 实验动物：马、牛、猪、犬、鸡等，根据实验分组、人数等准备。

(2) 实验器材：柔软橡皮管或塑料管，依病畜种类大小不同而选用相应的口径及长度，特制的胃管其末端闭塞而于近末端的侧方设有开口者，更为适宜。胃管用前应清洗干净，并将其前端涂以润滑油类或以水湿润。漏斗或加压泵、开口器、吸取胃内容物的吸引器等。

【实验内容】

1. 马属动物的胃管投药 马一般经鼻插入胃管。

(1) 保定马的头部并使其不要过度前伸，术者站于右前方，用左手握住鼻端并掀起外鼻翼，右手持胃管，通过左手的指间沿鼻中隔徐徐插入胃管。

(2) 待胃管尖端到达咽部后，稍停或轻轻抽动胃管（或自咽喉外部进行按摩）以引起其吞咽动作，伴其咽下动作，将胃管插入食道。

(3) 明确判定胃管插入食道后，再稍向深部送进，并连接漏斗即可投药。为安全起见，可先投给少量清水，证明无误后再行投药。胃导管插入食道或误入气管的判定方法见表1-1。

表1-1　胃管插入正误判定

鉴别方法	插入食道内	误入气管内
手感和观察	胃管前端到达咽部时稍有抵抗感，进入食道后推送时稍有阻力感	推送胃管无阻力，有时咳嗽，骚动不安
来回抽动胃管	食管沟中胃管前端呈明显的波浪式蠕动	无波动
向胃管内充气	气流进入后颈沟部见明显波动	无波动
接压扁的橡皮球	橡皮球不再鼓起（反刍动物除外）	橡皮球迅速鼓起
将胃管外端放到耳边听	听到不规则的"咕噜"声或水泡声，无气流呼出	随呼吸动作出现有节奏的呼出气流
将胃管外端浸入水中	无气泡或出现与呼吸无关的气体	随呼吸动作出现规律性水泡
触摸颈沟部	颈沟部有一硬的管索状物，抽动胃管更明显	无感觉
鼻嗅胃管外端气味	有酸臭气味	无酸臭气味
外接注射器回抽（小动物）	抽不动，或胃管变扁，松手后注射器内芯回缩	轻松抽动，有大量气体进入注射器

(4) 投药完了，再以少量清水冲净胃管内容物，一并灌入后徐徐抽出胃管。

(5) 如以导出胃内容物、吸取胃液或洗胃为目的，尚须继续送入胃管，直至其尖端达到胃内（一般应先用胃管量取自第14肋间至鼻端的长度，并用纱布条做一标记以明确判定其深度），而后再行其他处理。如以食道探诊为目的，胃管前送时阻力过大或不能前进，提示食道梗塞、痉挛或狭窄。

2. 反刍动物的胃管投药 牛可经口或经鼻插入胃管。经口插入时须加开口器，其方法与猪同；经鼻插入的方法与马同。

3. 猪的胃管投药 猪经口插入胃管。

（1）一人抓住猪的两耳并将其前躯提起，另一人撬开其口腔并塞入开口器，术者将胃管从开口器中央的孔隙插入。

（2）胃管前端插至咽部时，轻轻抽动胃管，刺激猪并引起其吞咽动作，随即继续插入食道。

（3）判定胃管确实插入食道后，再送至食道深部，一般即可投药（如为导出胃内容物或洗胃须送至胃内为止）。

（4）接上漏斗，进行灌药，灌完后慢慢抽出胃管，再取下开口器。

4. 犬、猫的胃管投药 在急性处置过程中，经口给药多用胃管灌服法，此法剂量准确，也适用于家兔、猴等。

实验准备：药液及用塑料导管。

给犬投药时，用12号灌胃管，左手抓住犬嘴，右手中指由右嘴角插入，摸到最后一对臼齿后的天然空隙，胃管由此空隙顺食管方向不断插入约20cm，可达胃内。将胃管另一端插入水中，如不出气泡，表示确已进入胃，而没误入气管内，即可给药。

给猫投药时，将猫固定在木制固定盒内，左手虎口卡住并固定好猫嘴，右手取14号细导尿管，由右侧唇裂避开门齿，将导管慢慢插入，如插管顺利，猫不挣扎，插入约15cm时，即插入胃内，将药液注入。

兔的胃管投药方法与猫相同。

（三）片剂、丸剂、舔剂的投服

【实验目的】掌握投服片剂、丸剂或舔剂的工具和技巧。

【实验准备】

（1）实验动物：牛、犬、猪等，根据分组和剂型准备。

（2）实验器材：舔剂一般可用光滑的木板或竹片投服，丸剂、片剂多可徒手投服，必要时可用特制的丸剂投药器。

【实验内容】

（1）病畜一般行站立保定。

（2）对马、牛，术者用一手从一侧口角伸入，以拇指顶住上腭，打开口腔，另手持药片、药丸或用竹片刮取舔剂，自另侧口角送入舌根部，同时将手抽出，使其闭口，并用手掌托住下颌，把头稍抬高，待其自行咽下。

（3）对猪，则用木棍（或开口器）撬开口腔，另手持药片、药丸或用竹片刮取舔剂，自另一侧口角送入其舌背部。使其闭口，待其自行咽下。

（4）投服丸剂时，事先把药丸装入投药器内，自一侧口角伸入投药器并送向舌根部，迅速打（推）出药丸，同时抽出投药器，抬高头部，待其咽下。

（5）必要时投药后可灌给或饮给少量的水。

【注意事项】

（1）每次灌入的药量不应太多，不宜过急，不能连续灌服，以防药物误咽，进入气管和肺中。

（2）病畜头部吊起或仰起的高度，以口角与眼角呈水平为准，不宜过高。

（3）灌药中，病畜发生强烈咳嗽时，应立即停止灌入，并使其头部低下，让药液咳出或流出，待病畜安静后再灌。流出的药液应以药盆接取，以免流失。猪在嚎叫时应暂停灌药，待停叫后再灌。

（4）灌药时应注意安全，避免损伤病畜口腔黏膜，同时要防止被病畜抓伤、咬伤。

（5）如果病畜尚有食欲、药量较少且无任何特殊异味，或大批群养病畜发病时，最好将药物溶于水或混入饲料中让其自然采食。

【思考题】

（1）常见病畜的投药方法有哪些？

（2）哪些药剂适于直接经口给药？

（3）简述牛、马、羊、猪的胃管投药技术。

（4）如何区分胃管插入食管还是误入气管？

实验四 注 射

【实验目的】 了解各种注射方法的应用范围，掌握各种注射方法的实际操作，了解不同注射方法的注意事项。

【实验准备】

1. 实验动物 羊、猪、犬、兔，根据实验分组准备。

2. 实验器材 注射器、注射针头、输液器、酒精棉球、毛剪等，根据实验分组和需要准备。

【实验内容】

（一）静脉内注射

静脉内注射（intravenous injection，IV）又称血管内注射，是将药液注入病畜的体表静脉内，也是治疗内科危重疾病的常用给药方法。药液直接注入静脉血管内，随血液分布全身，药效快，作用强，注射部位疼痛反应较轻。但药物代谢较快，作用时间较短。

1. 应用范围

（1）用于大量的输液、输血。

（2）以治疗为目的的急需速效的药物（如急救、强心等）。

（3）注射药物有较强的刺激作用，不适于皮下或肌肉注射，只能通过静脉内注射才能发挥药效的药物。

2. 注射部位

（1）牛、马、羊、骆驼、鹿等均在颈静脉的上1/3与中1/3的交界处。特殊情况，牛也可在胸外静脉及母牛的乳房静脉注射。

（2）猪在耳静脉或前腔静脉。

（3）犬、猫在前肢腕关节正前方偏内侧的前臂皮下静脉和后肢跗部背外侧的小隐静脉，也可在颈静脉。

（4）禽类在翼下静脉。

3. 注射方法

（1）牛的静脉内注射：牛的颈静脉位于颈静脉沟内。

术者左手中指及无名指压迫颈静脉的下方，或用一根细绳（或乳胶管）将颈部的中1/3下方缠紧，使静脉怒张。右手持针头，使针体与皮肤垂直，针尖对准注射部位并用手腕的弹力迅速将其刺入血管，见有血液流出后，将针头再沿血管向前推送，然后连接输液器或输液瓶（或盐水瓶）的乳胶管，药液即可徐徐注入血管中。

（2）马的静脉内注射：

①马的颈静脉比较浅显。术者用左手拇指横压注射部位稍下方的颈静脉沟，使脉管充盈怒张。

②右手持针头，使针尖斜面向上，沿颈静脉径路，在压迫点前上方约2cm处，使针尖与皮肤成30°～45°角，迅速准确地刺入静脉内，见有出血后，再沿脉管向前进针，松开左手，同时用拇指与食指固定针头与注射器或输液器乳胶管的连接部，徐徐注入药液。

③注射完毕，用酒精棉棒或棉球压紧针孔，迅速拔出针头，然后涂5%碘酊消毒。

（3）犬的静脉内注射：

①前臂皮下静脉（也称桡静脉）注射法：静脉位于前肢腕关节正前方稍偏内侧。犬可侧卧、伏卧或站立保定，用止血带结扎使静脉怒张。注射针由近腕关节1/3处刺入静脉，松开止血带或乳胶管，即可注入药液，并调整输液速度。静脉输液时，可用胶布缠绕固定针头。注射完毕，以干棉签或棉球按压穿刺点，迅速拔出针头，局部按压片刻，防止出血。

②后肢外侧小隐静脉注射法：此静脉位于后肢胫部下1/3的外侧浅表皮下，由前斜向后上方，易于滑动。犬侧卧保定，用乳胶带绑在犬股部使静脉怒张。操作者位于犬的腹侧，左手从内侧握住下肢以固定静脉，右手持注射针由左手指端处刺入静脉。

③后肢内侧大隐静脉注射法：此静脉在后肢膝部内侧浅表的皮下。在腹股沟三角区附近。注射方法同前述的后肢小隐静脉注射法。

（4）猪的静脉内注射：

①耳静脉注射法：此静脉在双耳缘背侧，注射完毕，左手拿灭菌棉球紧压针孔处，右手迅速拔针。为了防止血肿应压迫片刻，最后涂擦碘酊。

②前腔静脉注射法：用于大量输液或采血，注射部位在第1肋骨与胸骨柄结合处的前方。由于左侧靠近膈神经，易损伤，故多于右侧进行注射。针头刺入方向，呈近似垂直并稍向中央及胸腔，刺入深度依猪体大小而定，一般2～6cm，因此应选用7～9号针头。

4. 注意事项

（1）应进行严格消毒。

（2）注意检查针头是否畅通。

（3）注射时要看清脉管径路，防止乱刺，以免引起血肿或静脉炎。

（4）针头刺入静脉后，要再顺静脉方向进针1～2cm。

(5) 进针前应排净注射器或输液乳胶管中的空气。

(6) 要注意检查药品的质量,防止杂质和沉淀。

(7) 注射对组织有强烈刺激的药物,应先注射少量的生理盐水,证实针头确在血管内,再调换应注射的药液,以防药液外溢而导致组织损伤或坏死。

(8) 输液过程中,要经常注意观察病畜的表现,如有骚动、出汗、气喘、肌肉震颤、全身发生皮肤丘疹、眼睑和唇部水肿等征象时,应及时停止注射。当发现输入液体突然过慢或停止以及注射局部明显肿胀时,应检查回血。

(9) 犬及猪静脉注射时,首先宜从末端血管开始,以防再次注射时发生困难。

(10) 如注射速度过快,药液温度过低,可能产生副作用,同时有些药物可能发生过敏现象。

(11) 对极其衰弱或心脏机能障碍的患畜静脉注射时,尤应注意输液反应。对心肺机能不全者,应防止肺水肿的发生。

(12) 静脉注射过程中如果发现药液外漏,应立即停止注射,根据不同的药液采取下列措施处理:用注射器抽出外漏的药液;或局部注入灭菌注射用水以稀释并促进吸收;大量药液外漏时,应做早期切开,并用高渗硫酸镁溶液引流。

(二) 气管内注射

气管内注射(intratracheal injection)是将药液注入气管内,使药物直接作用于气管黏膜的注射方法。

1. 应用范围 临床上常将抗生素类药液注入气管内,治疗支气管炎和肺炎;也可用于肺脏的驱虫;注入麻醉剂以治疗剧烈的咳嗽等。

2. 注射部位 根据病畜种类及注射目的不同而注射部位不同。一般在颈部上1/3处,腹侧面正中,两个气管软骨环之间进行注射。

3. 注射方法

(1) 病畜仰卧、侧卧或站立保定,使前躯稍高于后躯,局部剪毛消毒。

(2) 术者握住气管,于两个气管软骨环之间,垂直刺入气管内,此时摆动针头,感觉前端空虚,再缓缓滴入药液。注完后拔出针头,涂擦碘酊消毒。

4. 注意事项

(1) 注射前宜将药液加温至与畜体同温,以减轻刺激。

(2) 注射过程如遇病畜咳嗽时,则应暂停注射,待安静后再注入。

(3) 注射速度不宜过快,最好一滴一滴地注入,以免刺激气管黏膜,咳出药液。

(4) 如病畜咳嗽剧烈,或为了防止注射诱发咳嗽,可先注射2%盐酸普鲁卡因溶液2~5mL(大病畜)后,降低气管的敏感反应,再注入药液。

(5) 注射药液量不宜过多,猪、羊、犬一般3~5mL,牛、马20~30mL。

(三) 肌肉注射

肌肉注射(intramuscular injection,IM)是将药物注入肌肉内的注射方法。

1. 应用范围 刺激性较强和较难吸收的药液,进行血管内注射而有副作用的药液,油剂、乳剂等不能通过静脉注射的药液,为了缓慢吸收、持续发挥作用的药液等,均可采用。

2. 注射部位 大病畜与犊、驹、羊、犬等多在颈侧及臀部肌肉丰满的部位；猪在耳根后、臀部或股内侧；禽类在胸肌部或大腿部。但应避开大血管及神经径路的部位。

3. 注射方法

（1）病畜适当保定，局部常规消毒处理。

（2）左手的拇指与食指轻压注射局部，右手持注射器，使针头与皮肤垂直，迅速刺入肌肉内。一般刺入2～3cm（小病畜酌减），抽动针管活塞，观察无回血后，即可缓慢注入药液。

注射完毕，用左手持酒精棉球压迫针刺部，迅速拔出针头。

4. 注意事项

（1）针体刺入深度依注射部位的肌肉厚度而定，一般只刺入2～3cm（小病畜酌减）。

（2）刺激性强烈的药物如水合氯醛、钙制剂、浓盐水等不能在肌肉内注射。

（3）注射针头如接触神经时，则病畜感觉疼痛不安，此时应变换针头方向，再注射药液。

（4）注射药液时，尽量使病畜保持局部和肢体不动，针体与皮肤保持垂直。万一针体折断，应迅速用止血钳夹住针的断端拔出。

（5）两种以上药液同时注射时，要注意药物的配伍禁忌，必要时在不同部位注射。

（6）避免在瘢痕、硬结、发炎及皮肤病的部位注射。淤血及血肿部位不宜进行注射。

（四）皮内注射

皮内注射（intradermal injection，ID）是将药液注入表皮与真皮之间的注射方法。

1. 应用范围 主要用于变态反应诊断，如牛结核、副结核等，或做药物过敏试验及炭疽疫苗、绵羊痘苗等的预防接种。一般仅在皮内注射药液或疫（菌）苗0.1～0.5mL。

2. 注射部位 可选在颈侧中部或尾根内侧。

3. 注射方法 消毒，右手持注射器，针头斜面向上，与皮肤呈5°角刺入皮内。右手推注药液，局部可见一半球形隆起，俗程"皮丘"。注毕，拔出针头，消毒。

4. 注意事项 进针不可过深。拔针后，不可用棉球按压揉擦，以防药液溢出。

（五）皮下注射

皮下注射（subcutaneous injection，SC）是将药液注入皮下结缔组织内的注射方法。

1. 应用范围 易溶解、无强刺激性的药品及疫苗、血清、抗蠕虫药（如伊维菌素）等，某些局部麻醉，不能口服或不宜口服的药物要求在一定时间内发生药效时，均可做皮下注射。

2. 注射部位 大病畜多在颈部两侧。猪在耳根后或股内侧。羊在颈侧、背胸侧、肘后或股内侧。犬、猫在背胸部、股内侧、颈部和肩胛后部。禽类在翼下。

3. 注射方法

（1）术者的手指及注射部位进行消毒。

（2）术者左手中指和拇指捏起注射部位的皮肤，注射器针头斜面向上，从皱褶基部陷窝处与皮肤呈30°～40°角刺入针头的2/3，抽吸无回血即可注射药液。注射完后，干棉球按住刺入点，拔出针头，局部消毒。

4. 注意事项 刺激性强的药品不能做皮下注射，如钙制剂、砷制剂、水合氯醛及高渗溶液等。

【思考题】

（1）简述各种注射方法的应用范围。

（2）简述不同注射方法的常见部位。

（3）简述各种病畜的常见注射方法及部位。

实验五 穿 刺

【实验目的】穿刺技术是诊断或治疗某些兽医内科疾病的基本技能，应了解各种穿刺方法的应用范围，掌握各种穿刺方法的实际操作，了解不同穿刺方法的注意事项。

【实验准备】

1. 实验病畜 牛、羊、猪、犬等，根据实验分组准备。

2. 实验器材 注射器、注射针头、穿刺针、长乳胶管、酒精棉球、毛剪等，根据实验分组和需要准备。

【实验内容】

（一）腹腔穿刺

1. 应用范围 用于诊断某些内脏器官及腹膜的疾病。在治疗腹膜炎时，需穿刺放出腹水和注入药液。

2. 穿刺部位 牛脐右侧 5~10cm 处，马脐左侧 5~10cm 处。

3. 穿刺方法 站立保定，术部剪毛消毒。用注射针头垂直刺入 2~4cm，刺入腹腔后阻力消失，有落空感。如腹腔中有渗出液或漏出液即可自行流出，可根据流出液体的数量、色泽及性状判断腹腔脏器及腹膜疾病的性质。穿刺完毕，拔出针头，术部涂以碘酒。

4. 注意事项 液体不能自行流出时，可用注射器抽吸；如果有大量腹水时，应缓慢放出，注意观察心脏活动情况。

（二）瘤胃穿刺

1. 应用范围 常用于瘤胃急性膨胀，或穿刺采集瘤胃液样品，以及向瘤胃内注入药液。

2. 穿刺部位 左䏖部，髋结节和最后肋骨连线的中点。瘤胃膨胀时，取其膨胀部的顶点。

3. 穿刺方法 站立保定，术部剪毛消毒；将皮肤切一小口，长 0.5~1.0cm，用套管针垂直迅速刺入瘤胃约 10cm；固定套管，抽出针芯，用纱布块堵住管口行间歇放气，若套管堵塞，可插入针芯疏通或稍摆动套管；排完气后再插入针芯。一手按腹壁并紧贴胃壁，另手拔出套管针；术部涂擦碘酒。必要时可以经套管直接向瘤胃内注入药液。如无套管针，可用大号针头、穿刺针、竹管等代替。

4. 注意事项 避免多次反复穿刺，第二次穿刺时不宜在原穿刺孔进行；排出气体后，为防止复发，可经套管向瘤胃内注入防腐消毒剂等；放气速度不宜太快；对于瘤胃臌气严重的病畜应间歇放气，以防虚脱。

（三）胸腔穿刺

1. 应用范围 用于检查胸腔中液体的性质、排出胸腔积液或注入药液。

2. 穿刺部位 牛在左侧倒数第 4 或第 5 肋间，右侧倒数第 5 或第 6 肋间，于胸外静脉上方 2～5cm 处。

3. 穿刺方法 站立保定，术部剪毛消毒。术者一手将术部皮肤稍向侧方移动，一手持穿胸套管针或带有胶管的静脉注射针头，紧靠肋骨前缘垂直刺入 3～5cm，如有液体即可自行流出。操作完毕，拔出针头，术部涂擦碘酒消毒。

4. 注意事项 针头上的胶管用止血钳夹紧闭塞后再穿刺，以免空气进入胸腔造成气胸；排液时不可过快。

（四）大肠穿刺

1. 应用范围 多用于马的盲肠和结肠穿刺，以治疗肠臌气和药物注射。

2. 穿刺部位 盲肠穿刺在右肷部中心距腰椎横突约一掌的部位或肷窝部鼓起明显处。马左侧大结肠或小结肠臌气，则在左侧腹部鼓胀最明显处穿刺。

3. 穿刺方法 将术部剪毛、消毒，用消毒过的小号套管针或 12～14 号注射针头刺入，即有气体排出。在放气过程中如被内容物堵塞，可用针芯疏通。放气结束时，一只手压术部，另一只手食指压针头尾部的孔，拇指和中指夹住针头尾部，拔出穿刺针，术部碘酊消毒。

有时可通过直肠检查，在直肠内用带胶管的针头穿刺放气。有时在剖腹探查时发现肠管严重充气，可以直接用针头刺入放气。

（五）膀胱穿刺

膀胱穿刺是指用穿刺针经腹壁或直肠刺入膀胱的穿刺方法。

1. 应用范围 在尿道完全阻塞出现尿闭时，为了防止膀胱破裂或尿毒症，穿刺膀胱，排出膀胱内尿液，进行急救治疗。

2. 实验准备 准备接有长乳胶管的针头、注射器。中、小病畜侧卧保定。大病畜站立保定，一般需要灌肠排除积粪。

3. 穿刺部位 大病畜可通过直肠穿刺膀胱。猪在耻骨前缘腹白线两侧 1cm 处，小病畜在后腹部耻骨右缘，触摸膨胀并有弹性，即为穿刺部位。

4. 穿刺方法

（1）大病畜：术者将连有长乳胶管的针头握于手掌中，手呈锥形缓缓伸入直肠，首先触摸确诊膀胱位置，在充满尿液膀胱的最高处，将针头向前下方刺入。然后，固定针头，尿液即可经乳胶管排出。至尿液排完后，再将针头拔出，握于手掌中，带出肛门。

如需洗涤膀胱时，可经乳胶管另一端注入防腐剂或抗生素水溶液，然后排出，直至透明为止。

（2）中、小病畜：侧卧保定，将左或右后肢向后牵引转位，充分暴露术部，于耻骨前缘触摸膨胀、波动最明显处,左手压住局部,右手持针向后下方刺入,并固定好针头。待排完尿液,拔出针头。术部消毒,最好涂火棉胶。

5. 注意事项 直肠穿刺膀胱时,应充分灌肠排出宿粪。针刺入膀胱后要握好针头,防止滑脱。若进行多次穿刺,易引起腹膜炎和膀胱炎,宜慎重。大家畜努责严重时,不宜强行从直肠内进行膀胱穿刺,必要时给以镇静剂后再行穿刺。

(六) 骨髓穿刺

骨髓穿刺是指穿刺针穿入骨髓腔并取出骨髓的穿刺方法,是采取骨髓的一种常用技术。

1. 应用范围 适用于寄生虫学检验(梨形虫病、锥虫病)、细菌学检验(骨髓的细菌培养,对败血症较血液培养可获得更高的阳性率)、细胞学检验,在形态学上帮助诊断贫血的原因,鉴别诊断白血病等。还可用于骨髓的细胞学、生物化学的研究。

2. 实验准备 骨髓穿刺针或带芯的普通针、注射器等。

3. 穿刺部位 所有动物一般在胸骨。牛在由第3肋骨后缘向下引一条垂线,与胸骨正中线相交,在交点前1.5~2cm处。马由鬐甲顶点向胸骨引一条垂线,与胸骨中央隆起线相交,在交点侧方1cm处的胸骨上(左右侧均可)。犬在胸廓底线正中,两侧肋窝与第8肋骨连接处。

4. 穿刺方法

(1)左手固定术部,常规消毒局部皮肤,铺无菌创巾,用2%利多卡因做皮肤、皮下及骨膜麻醉。

(2)将骨髓穿刺针固定器固定在适当长度,用左手食指和拇指固定穿刺部位,右手持针垂直刺入骨面,缓慢钻刺骨质。成年马、牛约刺入1cm,犬及幼畜约0.5cm,当针尖阻力变小,且穿刺针被固定在骨内时,表示已进入骨髓腔。若穿刺针未固定,应再刺入少许至固定为止。这时可以拔出针芯,接上干燥的10mL或20mL注射器,用适当的力度缓慢抽吸,即可抽出骨髓,可见红色骨髓进入注射器中。骨髓吸取量为0.1~0.2mL为宜。若做骨髓细菌培养,需在留取骨髓计数和涂片制标本后,再抽吸1~2mL。将抽取的骨髓滴于载玻片上,迅速做有核细胞计数及涂片数张,备做形态学及细菌化学染色检验。如未能抽取骨髓,可能是针腔被皮肤或皮下组织块堵塞,此时应重新插上针芯,稍加旋转或再钻入或退出少许,拔除针芯,如见针芯带有血迹时,再行抽吸即可取得骨髓。

(3)抽吸完毕,将针芯重新插入,左手取无菌纱布于针孔处,右手将穿刺针拔出,随即将纱布盖于针孔上,并按压1~2min,再用胶布加压固定。

5. 注意事项

(1)术前应做凝血时间检查,有出血倾向者操作要慎重。

(2)骨髓穿刺时,如遇坚硬部位不易刺入,或已刺入而无骨髓吸出时,可改换位置重新穿刺。穿刺达骨膜后,针应与骨面垂直,缓慢旋转穿刺针;持针应稳妥,切忌用力过猛或针头在骨膜上滑动,以防损伤邻近组织和折断针头;刺入骨髓腔后针头应固定不动,对骚动不安的病畜应注意保定。

(3)注射针与穿刺针必须干燥,以免发生溶血。

(4)抽取骨髓涂片检验时,应缓慢增加负压,当注射器内见血后,应立即停止抽吸,以免骨髓稀释。骨髓抽出后应立即涂片,否则会很快发生凝固,使涂片失败。

(5) 如做细胞形态学检验，抽吸液量不宜过多，以免骨髓稀释，影响有核细胞增生程度判断、细胞计数及分类结果。

（七）心包腔穿刺

心包腔穿刺法是指用穿刺针刺入心包腔的穿刺方法。

1. 应用范围 排除心包腔内的渗出液或脓液，并进行冲洗和治疗；或采取心包液供鉴别诊断及判断积液的性质与病原。本法在牛创伤性心包炎的诊断与治疗上具有重要意义。

2. 实验准备 用带乳胶管的16～18号长针头，小病畜用一般注射针头。病畜站立保定，中、小病畜右侧卧保定，使左前肢向前伸半步，充分暴露心区。

3. 穿刺部位 牛于左侧第6肋骨前缘，肘突水平线上为穿刺部位。犬的穿刺部位在胸腔左侧，胸廓下1/3与中1/3交界处的水平线与第4肋间的交点。

4. 穿刺方法

(1) 常规消毒局部皮肤，术者及助手均戴无菌手套，铺创巾。必要时可用2%利多可因做局部麻醉。

(2) 术者持针，助手用血管钳夹持着与穿刺针连接的输液橡皮管。在心尖部进针时，左手将术部皮肤稍向前移动，右手持针沿肋骨前缘垂直刺入2～4cm，使针自下而上向脊柱方向缓慢刺入。待针尖抵抗感突然消失时，表示针已穿过心包壁层，同时感到心脏搏动，此时应把针退出少许。

(3) 助手立刻用血管钳夹住针体固定其深度，术者将注射器接于橡皮管上，然后放松橡皮管上的止血钳。缓慢抽吸，记录液量，留少许标本送检。如为脓液需冲洗时，可注入防腐剂，反复冲洗直至液体清亮为止。

(4) 术毕拔出针体后，盖消毒纱布，压迫数分钟，用胶布固定。

5. 注意事项

(1) 操作要认真，杜绝粗暴，否则易造成患畜死亡。

(2) 必要时可进行全身麻醉，确保安全。

(3) 术前进行心脏超声检查，确定液平面高低和穿刺部位，以免划伤心脏。另外，在超声显像指导下进行穿刺抽液更为准确安全。

(4) 进针时穿刺速度要慢，应仔细体会针尖感觉，穿刺针尖不宜过锐，穿刺不可过深，以防刺伤心肌。

(5) 为防止气胸，抽液注液前后应将附在针上的胶管折叠压紧，闭合管腔；或在取下空针前夹紧橡皮管，以防空气进入。

(6) 如抽出液体为血色，应立即停止抽吸。同时助手应观察脉搏的变化，发现异常及时处理。

（八）脑脊髓腔穿刺

脑脊髓腔穿刺是指穿刺针刺入小脑及池内或脊髓腔内的穿刺方法。

1. 应用范围 中枢神经感染性疾病的诊断，降低颅内压以及脑脊髓疾病的治疗（如注射抗生素、药物等）。此外，还可以用于脑、脊髓外伤或某些代谢疾病的诊断。

2. 穿刺部位 腰部穿刺在腰椎与荐椎之间进行。先沿脊椎做一正中直线，再在两侧髂骨结节做一连接横线，二者交叉点即为穿刺点。此点即通常所谓的"十字部"或中兽医所谓的"百会穴"，也就是最后腰椎和第一荐椎之间的凹窝处，各种动物的穿刺部位基本相同。

颈部穿刺在颈背侧，寰椎与枢椎之间的枕骨腔进行。先沿颈背做一正中直线，再在寰椎翼两后角连一横线，二者交叉点即为穿刺点；或枕嵴后 8~12cm 的颈中线上（马、牛）。也可在枕骨与寰椎之间的枕寰孔进行，其穿刺点在颈背部正中线与寰椎翼两连线的交点上。但牛、马的枕寰孔不如寰枢孔大，故亦不如寰枢孔部位容易穿刺。

3. 保定 大动物腰部穿刺以站立保定为好，但应确实保定后躯，防止跳动。小动物应使其躺卧，腰部稍向腹部弯曲适当保定；颈部穿刺可侧卧或腹卧保定（或站立保定），但应特别牢固的保定头部。

4. 穿刺方法 先将长约 15cm，内径约 2mm 的脑脊液穿刺针，或通常封闭用的长针头代替，消毒后备用。马、牛穿刺深度为 6~8cm。确定穿刺点后，局部剪毛，常规消毒皮肤，盖上创巾。

腰部穿刺时，左手用力压穿刺点皮肤，右手持穿刺针以垂直背部的方向刺入，先刺透皮肤和肌肉，在腰椎和荐椎之间插入脊柱管。当穿透韧带和硬膜时，可感到阻力突然消失，有落空感。此时，可将针芯慢慢抽出，即可见脊髓液流出。有时刺透硬膜时，病畜尾根（甚至后躯）可见突然跳动。

枕寰孔或寰枢孔穿刺时，穿刺针与皮肤成直角刺入，此时感觉抵抗力最大；针头通过抵抗力较小的项韧带间隙后，即刺到骶椎的齿突上，此时将针略后退（约 0.5cm），并使病畜头弯向腹侧，再将针头继续向前下方刺入（此时可拔出针芯，将针头接上注射器，边刺边回抽，若抽出脑脊液时，立即停止刺入），穿过硬膜时，病畜可出现轻微震颤和不安，术者有穿透牛皮纸样感觉。拔除针芯，脑脊液即可流出。如果要注射药液，待抽出脑脊液后即可注入。

术毕，插入针芯，拔出穿刺针，覆盖消毒纱布，用胶布固定。

脑脊液应以清洁灭菌注射器采集，送实验室待检。

5. 注意事项 针头不能过粗，穿刺不能过深，以免伤及脑组织或脊髓。病畜保定必须确实。所用器具必须消毒，以免引起脑、脊髓感染。做药物穿刺注射时，大病畜注射总量为 20mL 左右，中、小病畜为 3~5mL，以免脑脊髓压突然增加过大。

【思考题】

(1) 简述穿刺在兽医内科疾病诊疗中的意义。

(2) 简述在不同动物穿刺的具体定位与操作方法。

(3) 简述穿刺液的收集与处置。

(4) 简述各种穿刺的注意事项。

实验六　胃肠洗涤

（一）洗胃法

用一定量的溶液灌洗胃，达到清除胃内容物的方法即洗胃法。

【实验目的】掌握动物洗胃法的适应症、操作要领及注意事项。
【应用范围】
（1）犬、猫、猪、马等单胃动物急性胃扩张的急救治疗，清除胃内容物。
（2）反刍动物瘤胃积食的治疗、瘤胃酸中毒的急救。
（3）动物口服毒物所致中毒的急救治疗，排出胃内毒物，减少毒物的吸收。
（4）胃液抽取。
【实验准备】
1. 实验器材 胃管，根据病畜种类选用相应口径及长度的特制胃管，也可选用软硬适度的橡皮管或塑料管。洗胃宜选用口径稍大的长胃管。开口器根据病畜种类选用。其他还有电动吸引器或手摇式、脚踏式吸引器，大烧杯、漏斗、污物盆等。

2. 实验药液 洗胃药液（36～39℃温水、2%～3%碳酸氢钠溶液或石灰水溶液、1%～2%盐水、0.1%高锰酸钾溶液等）；胃管清洗消毒药液（2%煤酚皂溶液、0.1%高锰酸钾溶液等），润滑剂等。

3. 实验病畜 犬、猫、马、猪等单胃病畜急性胃扩张临床病例；实验动物人工诱发的中毒病例；牛、羊等瘤胃积食或瘤胃酸中毒病例等。
【实验内容】
1. 病畜保定 犬、猫、兔等小动物可站立保定（徒手保定）或在手术台（治疗台）上横卧保定；马、牛等大病畜六柱栏内站立保定；羊、猪等病畜站立保定。

2. 洗胃 当证实胃管进入胃后，连接吸引器的负压瓶，开动马达，抽吸胃内容物。

在没有吸引器的情况下，如果胃内容物不能顺利排出，应在胃管末端接上漏斗并高举，将洗液（大病畜每次2～3L，中等体格病畜1L左右，小病畜300～500mL）连续注入漏斗。待漏斗内液体即将漏完前，倒转胃管末端使其低于病畜体躯，并同时压低病畜头部，依照虹吸原理排除胃内容物；反复冲洗，直到内容物洗净为止。

如胃内容物导出途中断流，可轻轻抽动胃管，改变位置或再注入适量洗液，使管腔畅通后，重复上面的操作，继续排除胃内容物。

冲洗完后，可投入少量清水，冲净胃管内残留的胃液（或折叠胃管末端或堵塞胃管口），防止胃管中残留的胃内容物误入呼吸道；然后再缓慢抽出胃管，解除保定。

胃管清洗后放在2%煤酚皂溶液等消毒液中浸泡，最后清洗，晾晒干燥后备用。
【注意事项】
（1）保定需确实，实验过程中病畜易骚动，注意人畜安全。
（2）病畜呼吸极度困难或有鼻炎、咽炎、喉炎时，最好不用洗胃法。
（3）洗胃前应根据病畜的种类和体格大小选用开口器的口径及长度，或软硬适宜的橡胶管（胃管）。
（4）开口器（尤其横木开口器）应压住病畜舌部，以免舌的活动将胃管推出或咬断。
（5）胃管及其他用具使用前应以温水清洗干净，用温水或0.1%高锰酸钾溶液浸湿，将胃管前端涂以润滑剂，长的胃管应在手上盘成数圈（涂油端向前上方，另端向前下方）。
（6）胃管插入、抽出或抽动胃管时，要耐心、轻柔、缓慢，严防急躁和粗暴。
（7）经证实胃管插入食道深部后，方可继续插入胃中，开始洗胃。如果洗胃过程中引起病畜咳嗽、气喘，应立即停止。如果操作过程中因病畜骚动，使胃管移动脱出时，也应停止,在重新插入判断无误后再继续进行洗胃。

(8) 反刍动物插入胃管后,如有气体排出,应鉴别是来自胃内还是来自呼吸道。

(9) 当胃管进入咽部或食道上部时,有时会发生呕吐,此时应放低病畜头部,以防呕吐物误入气管中。如果呕吐物很多,则应抽出胃管,待呕吐停止后再插入胃管。

(10) 经鼻插入胃管,有时会引起鼻出血。少量出血时,可将病畜头部适当高抬或吊起,冷敷额鼻部,并不断淋浇冷水;出血过多冷敷无效时,可采用1%鞣酸棉球塞于鼻腔中,或皮下注射0.1%盐酸肾上腺素5mL,必要时可注射全身止血药。

(11) 在洗胃过程中,应密切注意患畜的表现(尤其是精神、呼吸、脉搏等变化),一旦发现异常,应立即停止。病畜胃扩张时,刚开始灌入的液体不宜过多,以防胃破裂;牛瘤胃积食时,则应反复灌入较多温水进行冲洗。

(12) 应加强洗胃病畜的护理,如反刍动物洗胃后,应投入健康反刍动物瘤胃液或反刍食团,禁食12h,勤饮少量清水。

(二)灌肠法

灌肠法是通过肛门向直肠和结肠内注入灌肠剂,通过肠壁吸收药液(深部直肠投药)、排出蓄粪及异物、促进有毒物质的排出,从而达到治疗疾病或作为辅助诊断手段的一种方法。

【实验目的】掌握灌肠的适应症及基本操作要领,能正确选择灌肠剂。

【适用范围】

1. 排出蓄粪及异物 当大量粪便停留于肠道内而发生便秘时,常常需要灌肠。通过灌肠能使粪便软化、润滑肠管并增强肠道蠕动,以达到排出结粪的目的,严重便秘时要反复使用。

2. 用于洗肠,排出有毒物质 应用消毒收敛剂(如食盐水、鞣酸液、高锰酸钾液、硼酸水、抗菌消炎药物等)洗肠,以清除肠内的分解产物和炎症渗出物,这种方法需要反复的注入和排出。

3. 作为辅助诊断手段 应用硫酸钡灌肠剂,在拍摄X线片时可以清晰地显现直肠或结肠的轮廓。肠炎时进行灌肠,通过对排出物的观察(如色泽,有无黏液或黏膜,未消化食物等),有利于疾病的诊断。肠道有寄生虫(如绦虫和蛔虫等)时,利用深部灌肠法可将虫体、虫卵排出体外,以便确诊。

4. 直肠给药(促进药物的吸收和补液治疗) 灌入直肠的药液可通过直肠或大肠壁吸收。治疗肠炎时灌注消毒剂或收敛剂、抗菌消炎药物(抗生素、中药等),使药物直接作用于肠黏膜;或当营养失调时将营养剂制成溶液,通过灌肠使营养物质从肠壁吸收。在严重脱水或病畜太小,静脉给药无法实施时,可将生理盐水、等渗糖盐水等液体投入肠道,同时可配入适量抗菌消炎药物以及其他一些对肠道无刺激性的药物,通过肠壁吸收达到补液给药的目的。

【实验准备】

1. 实验器材

(1) 灌肠器(灌洗器):是一根中间有一个球的橡皮软管,一端是喷嘴和阀门,另一端是一个抽气泵和阀门。先将两端浸入液体中使灌洗器充满灌肠剂,然后将喷嘴端插入直肠,抽气泵端保持在液体中,捏压中间的球把液体压入直肠。中、小病畜多用。

(2) 带漏斗（或灌）的橡胶管（切口光滑）：大、中病畜多用。同时配有肠塞、漏斗、烧杯或水桶等。

(3) 带喷嘴或长橡胶管（切口光滑）的普通注射器、专用灌肠产品（由一个袋子和橡胶管组成）：中、小病畜多用。

2. 灌肠剂

(1) 促进排泄灌肠剂：通常所用的灌肠剂有1%食盐水、液体石蜡、肥皂水、甘油溶液、橄榄油溶液、专用灌肠剂等。

(2) 消毒收敛灌肠剂：2%～3%鞣酸液、0.1%高锰酸钾液、2%硼酸溶液等。

(3) 治疗用灌肠剂：生理盐水、林格氏液、葡萄糖溶液、抗菌消炎药物、中药等。

3. 其他 凡士林等润滑剂、一次性手套、盛灌肠剂器具等。为缓解直肠和结肠压力（如毛球、肿瘤、前列腺肥大等），骨盆或腹部拍摄X线片，骨盆或直肠手术等时，亦需清空直肠或结肠中的粪便。

4. 实验动物 患直肠炎、大肠炎、便秘等的各种病畜均可作为实验病畜。

【实验内容】

1. 大、中动物的灌肠方法

(1) 一般灌肠法：动物在柱栏内站立保定，尾巴用绷带缠缚，将尾吊起。将药物注入灌肠器或水桶内，并高高的吊起来。根据动物体格选用大小合适的灌肠器或切口光滑的胶管，灌肠器的一端放入水桶，连接胶管的一端从肛门插入直肠，到达足够深度，药液以虹吸原理徐徐流入肠管。

(2) 高压灌肠法：典型方法是革兰特氏灌肠法。

①肠塞的制作：首先制作大小能插入肛门的圆锥形的金属肠塞，在塞的中央部安一带孔的竹管，把胶管连接其上。这种肠塞可以防止注入液的返流。

②操作方法：为了防止努责和腹内压升高，可先进行硬膜外麻醉（即注射2%的可卡因或普鲁卡因10mL，待尾巴和肛门弛缓），然后将肠塞插入肛门，用吊桶或者唧筒灌注溶液。大动物注入的液体量每次为30～50L，中等体格病畜（犊、驹、猪、羊等）2～4L。

2. 小动物灌肠的方法 小动物的灌肠，通常在治疗台上或者手术台上站立或横卧保定，选用粗细适度的灌肠器（如人用或兽用导尿管）或用50mL一次性注射器（拔掉针头，接在胶管后端），胶管管口和肛门周围涂抹凡士林等润滑剂。胶管插入肠道一定深度（5～20cm），用注射器或洗耳球缓慢注入适量灌肠液体（猫、小犬150mL，中等体型犬、小猪、羔羊等500～1 000mL，大型犬1 000～2 000mL）。

3. 灌肠剂的选择 ①肠炎时，使用高锰酸钾溶液进行灌肠，便于有害细菌和气体排出体外，减少对病畜机体的侵害；再通过直肠给药，使抗菌消炎药物直接作用到病灶，可达到缩短病程、加快患畜恢复的目的。②中毒时，应用自来水或特效解毒药物稀释液（溶液温度要低，防止机体加快吸收毒物），反复进行灌肠，以达到排毒、解毒的目的。③高热时，使用洁净的冷水进行反复深部灌肠，以物理的方法来缓解高热症状，为积极寻找病因赢得宝贵时间。④肠道有寄生虫（如绦虫和蛔虫等）时，利用深部灌肠法可将虫体、虫卵排出体外，减轻寄生虫对病畜机体的危害。⑤肠道异物（肠结石、毛球或其他异物引起的大肠闭塞），可用肥皂水进行灌肠，使肠管扩张充盈，促进异物随灌肠剂排出体外。

【注意事项】
(1) 当直肠内有蓄粪时，应先通过直肠检查等方法人工排出，然后再注入药液。
(2) 胶管插入端需光滑，使用前需放入药液中浸泡或涂抹润滑剂。操作切忌粗暴，以免损伤肠黏膜，特别是当病畜努责时，操作应更为慎重，防止肠壁穿孔。
(3) 注入药液后由于刺激排泄反射，会立即使药液排出，因此以排泄为目的的灌肠应反复进行。
(4) 以药物治疗和补液为目的时，为防止药液排出，当胶管插入肛门后术者将胶管连同肛门括约肌一起握紧，然后再注药液；或在灌注药液的同时，按摩腹部以使药液向深部扩散。当希望灌肠液留于肠内时，可以选用适当大小的肠塞来堵住肛门，或将尾根下压在肛门上，维持一定时间；小动物可将后躯适当抬高（倒提法），或用手指压住肛门或将尾根按压在肛门上，保持5～15min。
(5) 药液温度以35℃为宜。
(6) 灌水量的多少根据病畜大小或便秘程度而定。便秘病畜在灌水开始时，水进入顺利，当水到达结粪阻塞部时则流速缓慢，甚至随病畜努责而向外返流。当水通过结粪阻塞部，继续向前流时，水流速度又见加快。小动物可通过注射器推入药液的阻力来感知粪块的位置。
(7) 应结合病畜全身状况考虑灌肠时的承受能力，体弱、衰竭、低体温病畜在操作时应十分谨慎。深部灌肠应谨慎操作，应选择无刺激性、等体温、等渗的液体，控制好灌投量（每千克体重8～12mL）和速度，密切观察病畜反应，以防意外。当病畜表现不安，呼吸加快或腹围增大时，表明注水（药液）量已足，应停止灌注。
(8) 严重的胃肠弛缓时，严禁大剂量灌肠，否则会导致灌入液体无法排出，加重病情。

【思考题】
(1) 病畜洗胃的适应症及各种病畜洗胃的操作要领是什么？
(2) 如何判断单胃动物、反刍动物胃管插入食道内还是气管内？
(3) 病畜灌肠法的适应症有哪些？在不同适应症时应选择的灌肠剂主要有哪些？
(4) 小动物灌肠的技术要领关键点是什么？

实验七 牛网胃内金属异物探查与排除

【实验目的】了解金属探测器并掌握其使用方法；掌握牛网胃内金属异物的排除方法和操作要领。掌握牛网胃内金属异物的定位方法，并结合叩诊、听诊等其他诊断方法以及临床症状，综合判定牛的创伤性网胃炎、创伤性网胃-心包炎以及创伤性网胃-腹膜炎。

【实验准备】

1. 实验器材

(1) 金属异物探测器：如31-500IA型。
(2) 牛胃取铁器（恒磁取铁器）：①SC-Ⅰ、Ⅱ或Ⅲ型牛胃取铁器，长7cm，重100g。②鲁系"六"、鲁系"七"型强力取铁器，由钢丝导线、塑料管、磁头构成。
(3) 永久性磁棒：一种铝、镍永久材料铸成的圆柱状磁棒，规格：①直径14mm，重

80g；②直径 18mm，长 70mm，重 160g。

(4) 临时性磁棒：在上述磁棒的一端用锡焊一个小铁环或小铁柄，以系绳固定。

(5) 投放器：普通胶管，60～80cm 长，内径比磁棒直径稍大即可；管内插一根小木棒做挺杆。

(6) 开口器：用木料自制，中央打一 3cm×4cm 的圆孔，以能够通过装有磁棒的胶管为宜。开口器两端各开一个孔，以绳穿过用于固定。

(7) 塑料桶一个，凡士林少量。

2. 实验动物 实验用牛或者初步诊断为创伤性网胃炎（或创伤性心包炎）的病牛。

【实验内容】

1. 临床特征及检查 创伤性网胃炎是由于金属或非金属（竹签等）的尖锐异物混杂于饲料中，被病畜采食、吞咽而进入网胃内，并在一定条件下穿透网胃壁而引起的网胃及相关脏器的炎症。本病多由尖锐金属异物引起，又称铁器病；由于临床上网胃的创伤，多引起腹膜的炎症，本病又称为创伤性网胃腹膜炎。

2. 发生特点

(1) 以耕牛和奶牛常见，羊、骆驼等极少发生，其中又以 2 岁以上耕牛和奶牛尤为常见。

(2) 城郊工矿区、砖瓦窑附近的牛多发。

(3) 在腹压加大时或妊娠后期的牛更为常见。

3. 诊断要点

(1) 该病常常发生在腹压加大的情况下（如瘤胃积食和臌气、妊娠与分晚、奔跑、滑倒等）或在腹压加大后病情恶化。

(2) 顽固性前胃弛缓贯穿整个病程，反刍减少，反刍时先将食团吃力地逆呕到口腔，小心咀嚼；吞咽时伸头缩颈，食团进入食管后，作片刻停顿再继续下咽；具有前胃弛缓的一般症状，病程可长达数月之久，病情顽固，对症治疗无效，应用健胃剂病情反而加重。

(3) 网胃区敏感（网胃区叩诊时，病牛回避、呻吟或抵抗；用力压迫胸椎棘突和剑状软骨时，有疼痛表现）。

(4) 站立、起卧、运步姿势异常。多数病例拱背站立，背腰强拘，头颈伸展，两肘外展，保持前高后低姿势；运步动作缓慢，强迫运动时，畏惧上下坡、跨沟或急转弯；经常躺卧，卧下极为小心，肘部肌肉颤动，时而呻吟或磨牙。

(5) 粪便带血（隐血检查呈强阳性），粪便呈煤焦油样或呈灰褐色，但临床上往往是在腹压加大的情况下出现血便才怀疑有网胃的创伤。

(6) 血液学检查：病初白细胞总数可增至 $(11～16) \times 10^9$ 个/L，中性粒细胞增至 45%～70%，淋巴细胞减少至 30%～45%，两者的比例倒置。

(7) 结合腹腔穿刺、金属探测仪检测、X 线检查，可做出诊断。

[附] 创伤性网胃心包炎诊断要点

创伤性网胃心包炎除具有上述创伤性网胃炎的症状外，还具有以下临床表现：

(1) 病程始终伴有心率增速（水牛＞90 次/min，奶牛＞110 次/min）。体温微升，使用大剂量抗生素，不见体温、脉搏数恢复正常。

(2) 心区敏感，心区震颤明显。

(3) 心悸亢进（初期），出现心包摩擦音，随后很快出现心包拍水音。听诊心音很遥远，甚至消失，左侧心区听不到或听不清，而右侧相应部位能听到。

(4) 颈静脉怒张呈绳索状，颈下、胸前水肿明显，严重时体腔积液。

(5) 心包穿刺（左胸下1/3部第5肋间，胸外静脉上方1cm，向前上方刺入），有大量腐败性液体或脓汁（黄红色或污灰色）。

4. 金属探测检查

(1) 先将牛保定在六柱栏内，找到瘤胃和网胃的腹壁投影区。

(2) 将金属探测器的探头放置在牛左侧腹部，剑状软骨突起的后方，即左侧第6～7肋骨间，前缘紧挨膈肌而靠近心脏区，或置于左侧腹部，从前至后或从上至下缓慢移动。如果胃内有金属异物，机器就会发出嘶嘶叫声，探测结果为阳性。

(3) 必须注意，金属探测器能检出距腹壁60cm以内，长18mm以上的细针头；在整个网胃区和心区的粗针头都可以检出。所以金属异物探测和X线检查，只能作为辅助诊断。

5. 金属异物的排除

(1) 投放临时性磁棒：先根据牛体型大小灌入20～30kg的饮用水，用以稀释胃内容物。然后将开口器（塑料）放入口中，固定好，磁棒上涂上凡士林润滑，放入管内；磁棒系绳端向外，固定于牛角上。推动投放器挺杆，将磁棒推入瘤胃内；取出推进器，牵牛上下坡运动数次，使磁棒在胃内移动。1～2h后牵引磁棒系绳，缓慢拉出磁棒，取出开口器。

(2) 投放永久性磁棒：按上述方法进行投放，不再取出，让永久性磁棒留于牛胃中。也可将磁棒裹于数片白菜叶中，放到牛嘴边，由牛自行卷入口中吞下。

(3) 投放恒磁取铁器：对有食欲的牛，禁食24h，但不禁水，亦可灌入20～30kg的饮用水。安装塑料圆筒开口器，将恒磁取铁器经开口器投入咽部，病畜吞咽时进入食道，然后推送钢丝导线，使取铁器进入胃内。牵牛上下坡运动数次，使磁铁在胃内移动。取铁器在胃内停留时间不少于1h，使其在胃内随胃的运动而充分运动，增加与胃内金属异物的接触机会。最后向外牵拉钢丝导线，缓慢拉出磁铁，检查金属异物。再用金属探测仪探查，若一次不能取净异物，可再次投入取铁器，至取尽为止。最后取下开口器。

【注意事项】

(1) 实习牛必须保定确实，使整个操作在安全条件下进行。

(2) 金属探测器结果为阳性时，不能说明金属物已刺伤牛的胃壁，更不能说明已经造成损伤或穿孔。因此，只能作为辅助诊断，对确定网胃损伤和创伤性网胃腹膜（心包）炎等的病性并无重大价值。同时，对非金属异物引起的胃壁损伤，探测结果为阴性，不能排除网胃创伤。

(3) 插胶管或投放取铁器时动作应轻柔缓慢，以免损伤食道而继发感染。

(4) 禁食或灌适量饮用水、取铁器停留适当时间、病畜运动均可提高金属异物取出率。

【思考题】

(1) 牛场如何预防创伤性网胃炎？

(2) 创伤性网胃炎、创伤性心包炎分别有哪些临床表现？

(3) 创伤性网胃炎的治疗方法有哪些？

(4) 牛为什么会容易食入异物？牛食入金属异物后是否一定会出现创伤性网胃腹膜炎（或创伤性网胃心包炎）？

第二章 常见动物内科疾病的诊断与治疗

实验八 反刍动物前胃弛缓

前胃弛缓（fore-stomach stony）是由各种病因导致反刍动物的前胃神经兴奋性降低，肌肉收缩力减弱；瘤胃内容物运转缓慢，微生物区系失调，产生大量发酵和腐败的物质；引起消化障碍、食欲、反刍减退，乃至全身机能紊乱的一种综合征。本病是牛最常发生的一种疾病，羊也有发生；在大多数疾病（如大部分内科病、传染病、寄生虫病）经过中，较易继发。前胃弛缓往往是瘤胃积食、瘤胃臌气、瓣胃秘结的前提条件，而在所有的前胃疾病经过中，又都必然出现前胃弛缓的病理过程。

【实验目的】
（1）了解反刍动物前胃弛缓的发病原因，并掌握其临床症状特征。
（2）熟悉反刍动物瘤胃内容物的检查内容及其临床诊断意义。
（3）掌握反刍动物前胃弛缓的诊断方法、治疗原则及治疗措施。

【实验准备】
1. 实验动物 动物医院或养殖场就诊的疑似患前胃弛缓的牛、羊病例。
2. 实验器材 超净台、恒温培养箱、高压灭菌锅、体温计、听诊器、注射器、输液器、灌肠器、试管、滴管等，专用器材见本实验中实验室检查内容。
3. 治疗药物 硫酸钠、鱼石脂、酒精、硫酸镁、液体石蜡、氢氧化镁、碳酸氢钠、苦味酊、盐酸苯海拉明、毛果芸香碱、新斯的明、酒石酸锑钾等药物及常用中草药。

【实验内容】

（一）病史调查

在兽医临床上，反刍动物前胃弛缓的发病原因比较复杂，且多种多样，归纳起来，可分为原发性和继发性两种。原发性前胃弛缓又称单纯性消化不良，其病因主要与平时的饲养和管理不当有关。常见的病因有：精饲料喂量过多或突然食入过量的适口性好的饲料；食入过量不易消化的粗饲料；饲喂霉烂、变质的饲料或冰冻饲料；由放牧迅速转变为舍饲或舍饲突然转为放牧；耕牛过度使役、受寒；圈舍阴暗、潮湿；由于严寒、酷暑、饥饿、疲劳、断乳、离群、恐惧、感染和中毒等因素或手术、创伤、剧烈疼痛的影响而引起应激反应等。

继发性前胃弛缓病因复杂，是反刍动物的一种临床综合征。一般见于口炎、齿病、创伤性网胃腹膜炎、分娩性搐搦、淋巴肉瘤、迷走神经胸支和腹支损伤、腹腔脏器粘连、瓣胃阻塞、皱胃阻塞、皱胃变位、骨软症、酮病，一些病原微生物感染所致败血症、乳房炎、子宫内膜炎、牛流行热、结核病、布氏杆菌病、前后盘吸虫病、血孢子虫病和锥虫病等疾病。此外在兽医临床上，治疗用药不当，如长期大量服用抗生素或磺胺类等抗菌药物，瘤胃内正常微生物区系受到破坏，消化机能紊乱，易造成医源性前胃弛缓。

（二）症状观察

反刍动物前胃弛缓按其病情的发展过程，可分为急性和慢性两种类型。

1. 急性型 病畜食欲、饮欲减退，不久食欲废绝，反刍减少、短促、无力，时而嗳气并带酸臭味。奶牛和奶山羊泌乳量下降。体温、呼吸、脉搏一般无明显异常。瘤胃蠕动音减弱，蠕动次数减少，有的病畜虽然瘤胃蠕动音减弱，但蠕动次数不减少，每次蠕动的持续时间缩短；触诊瘤胃，其内容物松软，有时黏硬或呈粥状，出现轻度的间歇性臌气。瓣胃蠕动音微弱。病初粪便变化不大，随后粪便变为干硬、色暗，被覆黏液。

2. 慢性型 通常由急性型前胃弛缓转变而来。病畜食欲不定，有时减退或废绝。常常空嚼、磨牙，发生异嗜。反刍不规则，短促、无力或停止。嗳气减少，嗳出的气体带臭味。病情弛张，时而好转，时而恶化，日渐消瘦。被毛干枯、无光泽，皮肤干燥、弹性减退。精神不振，体质虚弱。瘤胃蠕动音减弱或消失，内容物黏硬或稀软，瘤胃轻度臌胀。多数病例，网胃与瓣胃蠕动音微弱。腹部听诊，肠蠕动音微弱。病畜便秘，粪便干硬、呈暗褐色，附有黏液，有时腹泻，粪便呈糊状，腥臭，或者腹泻与便秘交替出现。后期病例，病畜逐渐消瘦，贫血，被毛粗乱，皮肤干燥，眼球凹陷，鼻镜龟裂，甚至卧地不起。

（三）实验室检查

前胃弛缓的实验室检查主要集中在对瘤胃液的检验。瘤胃内有多种微生物（包括细菌和原虫），可合成蛋白质、纤维素，并产生挥发性脂肪酸。瘤胃相当于一个生物发酵罐，进行着复杂的化学变化。然而这些变化与饲料种类、饲料配合的比例及动物的健康状态有关，并因微生物的数量与种类等而有较大的变动。一般来说，适宜的瘤胃内环境，应有一定的温度、pH、水分和渗透压，每毫升瘤胃液中应包含 50 万～100 万个原生动物（主要是纤毛虫）和 100 亿个以上的细菌，纤毛虫活力应在 65% 左右。在这种情况下，瘤胃对含氮物、糖类、脂肪等，都有较强的消化能力，并能合成 B 族维生素、维生素 E 和维生素 K。

当反刍动物发生前胃弛缓、瘤胃酸中毒、瘤胃碱中毒等前胃疾病时，瘤胃的消化功能会降低，瘤胃的温度、渗透压、pH 等可能发生相应的变化。因此，通过对瘤胃内容物理化性质、纤毛虫的检验，就可以直接或间接反映出瘤胃的健康状况，为反刍动物前胃疾病的诊断及治疗提供依据。

1. 瘤胃内容物的采集

（1）实验器材：胃导管、吸耳球、漏斗、长针头、注射器、润滑油等。

（2）方法步骤：保定动物，将胃导管从口腔（或鼻腔）投入食管，继续将胃导管送入瘤胃，而后用吸耳球或大的注射器向外抽取瘤胃液。

也可通过瘤胃穿刺的方法采集瘤胃内容物。本法简便易行，但要注意防止感染，且采集量较少。

(3) 注意事项：

①胃导管使用前要仔细洗净、消毒，涂以润滑油使管壁滑润，插入、抽动时动作要轻柔，不宜粗暴。

②有咽炎或明显呼吸困难的病畜禁用胃导管。

③在插入胃导管后，遇有气体排出，应鉴别是来自胃中或来自呼吸道。来自胃内的气体有臭味，与呼吸动作不一致，而来自肺中的气体常不带臭味，排气和呼气动作一致。

④经鼻插入胃导管，可因管壁干燥或强烈抽动，鼻黏膜有肿胀、发炎等而损伤黏膜，导致出血，应引起注意。如少量出血，不久可自停；出血很多时，可将头部适当高抬或吊起，进行鼻部冷敷，或用大块纱布、药棉暂时堵塞一侧鼻腔，必要时宜配合使用止血剂、补液乃至输血。

⑤瘤胃穿刺抽取瘤胃液时，开始会有气体排出，排气速度一定要慢，采集完后迅速拔出穿刺针。

(4) 瘤胃内容物采集后的处理：抽取后的瘤胃内容物，在一般感官检查后，可用双层纱布滤去粗纤维，作为检查纤毛虫用。

2. 酸碱度的测定

(1) 实验器材：pH 试纸或 pH 计。

(2) 方法步骤：

①pH 试纸法：取新采集的瘤胃液，先用广泛 pH 试纸条，然后再用精密 pH 试纸条，分别用被检瘤胃液浸湿，立即与标准比色板比较，判断瘤胃液的 pH 范围。

②pH 计测定法：用 pH 电极可精确测出瘤胃液 pH。

(3) 参考值：牛瘤胃液酸碱度测定参考值见表 2-1。

表 2-1　牛瘤胃液酸碱度测定参考值

动物种类	测定头数	数值	资料来源
黄牛	44	7.94 (7.0～8.5)	陕西省兽医研究所
水牛	160	6.83±0.44	广西农学院
水牛	70	7.34±0.37	湖南农业大学

(4) 结果分析：瘤胃液的 pH 与饲料的种类有很大关系。pH 下降为乳酸发酵所致，见于过饲糖类为主的精料，瘤胃功能减退和 B 族维生素显著缺乏。当 pH<5 时，瘤胃内微生物全部死亡。pH 过高（pH>8.0）见于过饲蛋白质为主的精料，此时微生物活动受抑制，消化发生紊乱。瘤胃发生酸中毒时，pH 常在 4.0 左右；瘤胃碱中毒时，pH 可达到 8.0 以上；前胃弛缓时，瘤胃液 pH 会下降至 5.5 以下，但也有人报道 pH 高低不定或者变化不大。

3. 纤毛虫检查

(1) 实验器材：

①纤毛虫计数板：在血细胞计数板的计数室两侧，粘贴 0.4mm 厚的玻片，使计数室的底部至盖玻片之间的高度变成 0.5mm（也可用 0.9mm 厚的玻片黏贴在计数板上，使高度变成 1.0mm）。

②稀释液：0.3%冰醋酸溶液或甲基绿甲醛液（甲基绿 0.3g，甲醛溶液 100mL，氯化钠

8.5g，蒸馏水加至1 000mL）。

(2) 方法步骤：

①纤毛虫活力检查：取新采集的瘤胃液，用双层纱布滤过后，滴在载玻片上涂成薄层后，用低倍镜观察10个视野，计算每个视野中纤毛虫的平均数，并计算其中有活力纤毛虫的百分数。采集样品中的纤毛虫，由于受温度的影响，其活力逐渐下降，最好使用显微镜保温装置，如无条件时，可将载玻片在酒精灯上稍加温后立即镜检。

②纤毛虫计数：吸取稀释液1.9mL，置于小试管中，加瘤胃液0.1mL，轻轻混匀，此为20倍稀释。用毛细滴管吸取上述液体，放于计数池与盖玻片接触处，即可自然流入计数池内，以刚好充满计数池为宜。注意若计数池中形成气泡，致使无法计数，需重新操作。充满池后待2~5min，用低倍镜依次计数四角4个大方格内的纤毛虫。计数时，先用低倍镜，光线要稍暗些，找到计数池的格子后，把大方格置于视野之中，然后转用高倍镜计数。

(3) 注意事项：纤毛虫计数是一项细致的工作，稍有粗心大意，就会引起计数不准。取样一定要准确，稀释液要与瘤胃液充分混匀。充液量不可过多或过少，过多或过少都可使盖玻片浮起，影响计数结果。显微镜台面要保持水平，防止计数室内的液体流向一侧，导致结果不准确。

(4) 参考值：健康动物纤毛虫数为50万~100万个/mL，各地报道的参考值见表2-2。

表2-2 牛纤毛虫计数参考值

动物种类	N	$\bar{X}\pm SD$/（万个/mL）	资料来源
黄牛	44	51.26（13.90~114.60）	陕西省畜牧兽医研究所
水牛	160	34.09±12.18	广西大学
水牛	70	39.27±8.51	湖南农业大学

(5) 数据处理及实验结果分析：计算四角4个大方格内纤毛虫的数目，按下式计算出每毫升瘤胃液中的纤毛虫数。

$$纤毛虫数（个/mL）=\frac{4个大方格纤毛虫总数\times 20\times 2\times 1\,000}{4}$$

报告结果时，通常用万个/mL来表示。

瘤胃内的纤毛虫是反刍动物正常消化必不可少的原虫。一般认为采取后直至45min，纤毛虫活力为64.6%~65.0%。正常时每毫升瘤胃液中含40万~100万个纤毛虫，如低于10万个或其活力降低，即可提示为消化器官疾病或消化功能紊乱。在前胃弛缓时，纤毛虫数可降至7.0万个/mL，而在瘤胃积食及瘤胃酸中毒时，可下降至5.0万个/mL以下，甚至无纤毛虫。瘤胃内纤毛虫数逐渐恢复，提示病情好转。

4. 葡萄糖发酵实验

(1) 实验器材：糖发酵管、恒温箱、量筒、烧杯、葡萄糖等。

(2) 方法步骤：取滤过瘤胃液50mL，注入糖发酵管，加入葡萄糖40mg，置于37℃恒温箱中放置60min，读取产生气体的体积（mL）。

(3) 参考值：健康牛、羊瘤胃液葡萄糖发酵实验，60min可产气体1~2mL，最多可达5~6mL。

(4) 结果分析：在营养不良、食欲缺乏、前胃弛缓以及某些发热性疾病，由于瘤胃内的微生物活动减弱或停止，使糖发酵能力降低，产生气体的体积常在 1mL 以下。据测定，黄牛患前胃弛缓时，24h 发酵所产生的气体仅有 0.5mL。

5. 纤维素消化实验

(1) 实验器材：小铅锤、棉线或纯纤维素、烧杯、10%葡萄糖溶液。

(2) 方法步骤：

①纤维素法：取 10mL 瘤胃过滤液，加 10%葡萄糖溶液 0.2mL，再加入 1g 纯纤维素，置于 39℃水浴中，静置，观察纤维素消化时间。

②挂线法：棉线 1 根，一端拴上小铅锤，悬挂于瘤胃过滤液中，观察并记录棉线被消化断的时间。

(3) 注意事项：瘤胃液应即采即用，棉线粗细相近。

(4) 数据处理及实验结果分析：健康牛瘤胃液纤维素消化时间为 48～54h，若大于 60h，说明前胃弛缓，消化不良。

另外，还可进行沉淀物活力试验，其方法是吸取瘤胃液并滤去粗渣，将滤液静置于玻璃容器内，在体温相同的条件下，记录微粒物质漂浮所需要的时间。正常情况下，刚饲喂过后的漂浮时间在 3min 以内，如饲喂一段时间之后，则在 9min 内，患前胃弛缓时，会发生微粒物质沉淀（表示微生物菌群严重无活力）或漂浮时间延长（不很严重）。

（四）诊断

前胃弛缓在临床上表现为食欲和反刍异常，瘤胃蠕动强度和频率均下降，瘤胃内容物的性质改变等，诊断并不困难。关键是要通过病史、流行病学调查以及瘤胃液 pH，纤毛虫活力、数量，糖发酵能力，纤维素消化时间，瘤胃沉淀物活力等实验室检查指标的变化来确定引起前胃弛缓症状出现的真正原因。在诊断时，需与继发前胃弛缓的其他疾病进行鉴别。

1. 酮病 奶牛酮病多发生于产犊后的第一个泌乳月内，尤其在产后 3 周内，2 月以后很少发病。病畜食欲减退，便秘，粪便上覆有黏液，精神沉郁，凝视，迅速消瘦，产奶量下降，有时在排出的乳、呼出气体和尿液中有酮体气味，瘤胃收缩比正常弱。

2. 创伤性网胃腹膜炎 急性局限性病例，病畜食欲急剧减退或废绝，泌乳量急剧下降，中度体温升高，病牛肘外展，不安，拱背站立，卧地、起立时极为谨慎，不愿上下坡、跨沟或急转弯，瘤胃蠕动减弱，轻度臌气，排粪减少。

3. 皱胃变位 通常在生产之后突然发生，在左侧底部可听到皱胃蠕动音，食欲减退，厌食谷物类饲料，青贮饲料的采食量往往减少，大多数病牛对粗饲料仍保留一些食欲，产奶量减少 1/3～1/2，排粪量减少，呈糊状，深绿色。

4. 迷走神经性消化不良 迷走神经受到损伤，引起前胃和皱胃不同程度的弛缓和麻痹，对刺激的感受性降低，食欲、反刍减弱或消失，呈现消化障碍，伴发前胃弛缓、皱胃阻塞、瓣胃阻塞等。

5. 急性瘤胃积食 是一种严重的疾病，伴有脱水和瘤胃神经紊乱症状，并有过食的病史，瘤胃蠕动音减弱或消失，触诊瘤胃，病畜不安，内容物坚实或黏硬，有的病例呈粥状，腹部膨胀，瘤胃背囊有一层气体，穿刺时可排出少量气体和带有臭味的泡沫状液体。

6. 低钙血症 一般持续 6~18h，通常伴有厌食和粪便减少，瘤胃机能减弱，用钙制剂治疗后食欲恢复正常。

（五）治疗

前胃弛缓的治疗原则是除去病因，加强护理，增强前胃机能，改善瘤胃内环境，恢复正常微生物区系，防止脱水和自体中毒。

1. 除去病因 对于原发性前胃弛缓，着重改善饲养管理。

2. 加强护理 病初先绝食 1~2d（但给予充足的清洁饮水），再饲喂适量的易消化的青草或优质干草。同时，进行瘤胃按摩，每次 20~30min，每天 3~5 次。轻症病例可在 1~2d 内自愈。

3. 清理胃肠 为了促进胃肠内容物的运转和排除，可用硫酸钠（或硫酸镁）、鱼石脂、液体石蜡等泻剂。对于采食多量精饲料而症状又比较重的病牛，可采用洗胃的方法，排除瘤胃内容物。重症病例应先强心、补液，再洗胃。

4. 增强前胃机能 对原发性的前胃弛缓，应用"促反刍液"（5%葡萄糖生理盐水注射液 500~1 000mL，10%氯化钠注射液 100~200mL，5%氯化钙注射液 200~300mL，20%安钠咖注射液 10mL，一次静脉注射），疗效显著，并配合肌肉注射维生素 B1，一般用药 1~2 次即可痊愈。因过敏性因素或应激反应所致的前胃弛缓，在应用"促反刍液"的同时，配合肌肉注射 2%盐酸苯海拉明注射液。

5. 应用缓冲剂 应用缓冲剂的目的是调节瘤胃内容物的 pH，改善瘤胃内环境，恢复正常微生物区系，增进前胃功能。在应用前，必须测定瘤胃内容物的 pH，然后再选用缓冲剂。当瘤胃内容物 pH 降低时，可内服氢氧化镁（或氢氧化铝）、碳酸氢钠，也可应用碳酸盐缓冲剂（CBM）（碳酸钠 50g，碳酸氢钠 350~420g，氯化钠 100g，氯化钾 100~140g，常水 10L，牛一次内服）。当瘤胃内容物 pH 升高时，宜用稀醋酸或常醋，也可应用醋酸盐缓冲剂（ABM）（醋酸钠 130g，冰醋酸 30mL，常水 10L，牛一次内服）。必要时，给病牛投服从健康牛口中取得的反刍食团或灌服健康牛瘤胃液 4~8L，进行接种。采取健康牛的瘤胃液的方法是先用胃管给健康牛灌服生理盐水 10L、酒精 50mL，然后以虹吸引流的方法取出瘤胃液。

6. 防止脱水和自体中毒 当病畜呈现轻度脱水和自体中毒时，应用 25%葡萄糖注射液 500~1 000mL，40%乌洛托品注射液 20~50mL，20%安钠咖注射液 10~20mL，静脉注射；并用胰岛素 100~200IU，皮下注射。此外，还可用樟脑酒精注射液（或撒乌安注射液）100~200mL，静脉注射。同时配合应用抗生素药物。

继发性前胃弛缓，着重治疗原发病，并配合前胃弛缓的相关治疗，促进病情好转，如由创伤性网胃炎所致的前胃弛缓，预后不良。

7. 中兽医治疗 根据中医辨证施治原则，对脾胃虚弱、水草迟细、消化不良的牛，着重健脾和胃、补中益气，宜用加味四君子汤：党参 100g，白术 75g，茯苓 75g，炙甘草 25g，陈皮 40g，黄芪 50g，当归 50g，大枣 200g，共为末，灌服，每日 1 剂，连服 2~3 剂。

【注意事项】

临床上对于该病的诊断，除了症状表现以外，可结合实验室检查进行确诊，但要注意与以前胃弛缓为常见症状的原发疾病进行鉴别，找出原发病，采取治疗措施，消除病因。

针对该病的防治，主要是改善饲养管理，合理喂食，注意饲料的选择、保管，防止霉败变质。奶牛和奶羊、肉牛和肉羊都应依据日粮标准饲喂，不可任意增加饲料用量或突然变更饲料。耕牛在农忙季节，不能劳役过度，而在休闲时期，应注意适当运动。圈舍需保持安静，避免奇异声音、光线和颜色等不利因素刺激和干扰，注意圈舍卫生和通风、保暖。做好预防接种工作。

【思考题】

(1) 前胃弛缓时，动物的常见临床表现有哪些？

(2) 针对前胃弛缓，可采取哪些实验室检查进行确诊？

(3) 反刍动物发生前胃弛缓时，常用的治疗措施有哪些？

实验九　皱胃变位

皱胃的解剖学位置改变，称为皱胃变位（displacement of abomasum，DA）。变位分三种类型：皱胃通过瘤胃下方移动到左侧腹腔，置于瘤胃和左腹壁之间，称为左方变位（left displacement of abomasum，LDA）；皱胃向前方扭转（逆时针），置于网胃和膈肌之间，称为前方变位；皱胃向后方扭转（顺时针），置于肝脏和右腹壁之间，称为右方变位（right displacement of abomasum，RDA）。一般将皱胃变位分为左方变位和右方变位两种类型，并且在习惯上把左方变位称为皱胃变位，右方变位称为皱胃扭转。临床上以左方变位尤为多见，已成为奶牛的常见多发疾病。

【实验目的】了解反刍动物皱胃变位的发生、发展过程，掌握皱胃变位的临床特征和诊断要点，熟悉该病的保守治疗及手术治疗方法。

【实验准备】

1. 实验动物　奶牛皱胃变位的临床病例。

2. 实验器材　听诊器、pH试纸、体温计、穿刺器具、尿酮检测设备等；手术台、保定器具、腹部手术器械（套）等。

3. 实验药品　生理盐水、酒精棉球、碘酊、0.1%新洁尔灭溶液、2%普鲁卡因、止血药等；该病的治疗药物（抗生素、葡萄糖、健胃消导剂、强心剂等）。

【实验内容】

（一）临床诊断依据

1. 皱胃左方变位　本病几乎只发生于乳牛，尤其多发于4~6岁的乳牛。采食优质谷物饲料（玉米、青贮等）造成胃壁平滑肌弛缓是皱胃左方变位的病理学基础。

通常在分娩后数日或1~2周内发病，表现前胃弛缓的一般症状。食欲减退并偏食，拒食精料；体温、呼吸、脉搏变化不大，但产奶量急剧下降，日见消瘦；反刍减少、延迟、无力或消失；瘤胃蠕动稀弱、短促甚至废绝。排粪迟滞或腹泻，粪便量逐渐减少，呈黏腻滋润、糨糊样并有油腻感；腹部紧缩，部分病例当瘤胃强烈收缩时，表现呻吟、踏步、踢腹等轻微腹痛不安。根据以下四个示病体征可初步诊断：

(1) 视诊左肋弓部后上方或腹下部局限性膨隆,触之如气囊,叩诊呈鼓音。

(2) 肋弓部后下方冲击式触诊有震水音。

(3) 在第9~12肋间、肩关节水平线上下,运用听叩诊结合法可闻清脆的、具有特征性的"钢管音",并可确定其形状和范围。

(4) 在钢管音区域内较长时间听诊,可听到带金属调的流水音或滴水音。

2. 皱胃右方变位 右侧肋弓后、腹中部局限性膨大,冲击式触诊有晃水音,听叩诊结合产生钢管音,腹痛剧烈。

常发于成年乳牛,多见于产犊后3~6周突然发病;发病急、来势猛、病程短、死亡率高(70%~80%)。病初一般与左方变位相似,但腹痛比较明显,食欲很快废绝,泌乳量大减或停止。瘤胃蠕动减弱甚至消失,有时瘤胃轻度膨气,粪便量少,色暗呈糊状。体温初期升高,后期降至常温以下。心率加快,可达120次/min;食欲废绝,右腹明显增大;迅速脱水,血液黏稠,可视黏膜苍白。严重时卧地不起,呈昏睡状态。在右侧第8~13肋间、肩关节水平线以上叩诊并结合听诊,可听到"砰砰"的钢管音。直肠检查,有时可摸到变位的皱胃。在出现钢管音的下方穿刺,容易抽吸出皱胃内容物,呈红褐色混浊血液。

(二)实验室诊断

1. 穿刺液检查 在钢管音明显区的正下方腹壁穿刺,为皱胃液(pH为1~4,无纤毛虫)。

2. 尿酮检查 取病牛新鲜尿液,进行尿酮检测多为阳性(详见实验十七)。

3. 手术探查 可感知皱胃变位的类型和严重程度。

(三)治疗方案

1. 皱胃左方变位 一般有三种治疗方法:保守治疗、滚转复位法、手术整复法,临床上多采用手术整复法。

(1) 保守疗法:使用健胃剂辅以消导剂,增强胃肠运动,消除皱胃弛缓,促进皱胃气液排空,只适用于早期诊断的病例。

用硫酸新斯的明10mg,皮下注射,每日2次;10%维生素B_1注射液20mL,肌肉注射,每日2次;生理盐水500mL,20%安钠咖10~20mL,25%维生素C注射液20mL,静脉注射;10%葡萄糖溶液1 500mL,10%氯化钾注射液70~100mL,10%氯化钙注射液100~150mL,静脉注射,每日1次。结合中医按前胃弛缓处方兼以消导治疗(用四君子汤、平胃散、补中益气汤、椿皮散加减),可望治愈。

(2) 滚转复位法:病例饥饿数日并限制饮水,尽量使瘤胃容积变小;让牛在有一定倾斜度的坡地(最好是草地或较松软平整的地方)上进行滚转。

将牛右侧横卧(背脊朝高侧,蹄向低侧),然后转成仰卧(背部着地,四蹄朝天)。以背轴为轴心,先向左滚转45°,回到正中,再向右滚转45°,再回到正中,如此以90°的摆幅左右摇晃3~5min,突然一次以迅猛有力动作摆向右侧,使病牛呈右横卧姿势,至此完成一次翻滚动作,检查左侧钢管音是否消失,若消失即为复位。如尚未复位,可重复进行。然后呈右侧横卧姿势,转成俯卧,最后站立。

通过仰卧状态下的左右摇晃,瘤胃内容物向背部下沉,含有大量气体的变位皱胃随摇晃上升到腹底空隙处,并逐渐移向右侧面而复位。每次回到正中位置时静止 2~3min,此时皱胃往往"悬浮"于腹中线并回到正常位置,仰卧时间越长,从膨胀的皱胃中逸出的气体和液体越多,越容易复位。

保守疗法和滚转法的成功率均不高,对皱胃已发生粘连的病例无效,且容易复发。

(3) 手术整复法:动物保定于两柱栏内,取站立姿势,术中进行补液。采用2%普鲁卡因腰旁神经干传导麻醉和术部浸润麻醉;必要时,进行全身镇静。

目前临床上多采用左方切开、右方固定的手术方法:在左腹部腰椎横突下方25~35cm,距第13肋骨6~8cm处做垂直切口(约20cm);按手术常规切开左腹壁,打开腹腔后,皱胃便暴露出或在切口的稍前下方;抓住皱胃,用导管针穿刺导出皱胃内的气体和液体;然后牵拉皱胃寻找大网膜,将大网膜引至切口处,用长约1m的肠线,一端在皱胃大弯的大网膜附着部作一褥式缝合并打结,剪去余端;带有缝针的另一端放在切口外备用。纠正皱胃位置后,右手掌心提着带肠线的缝针,紧贴左内腹壁伸向右腹底部,并按助手在有腹壁外指示皱胃正常体表位置处,将缝针向外穿透腹壁,由助手将缝针拔出,慢慢拉紧缝线;然后,缝针从原针孔刺入皮下,距针孔处1.5~2.0cm处穿出皮肤。引出缝线,将其与入针处留线,在皮肤外打结固定,剪去余线。腹腔内注入青霉素和链霉素溶液,缝合腹壁;加强术后护理。

2. 皱胃右方变位 皱胃右方变位时,单纯的药物治疗和滚转治疗法不能加以矫正。所以,一旦确诊,应立即施行开腹整复手术。

能站立的病牛,做右肋部前切口(右腹第3腰椎横突下方10~15cm处做垂直切口,切口长约20cm),打开腹腔,变位的皱胃即暴露在创口内或位于其前上方。如皱胃内充气量较多,应先行穿刺放气、排液再行整复。术者探查皱胃的扭转方向,做与扭转方向相反的整复与复位(十二指肠和大网膜在切口内的位置恢复正常,说明复位成功)。将幽门部上方的大网膜折成双层皱褶,将其缝合固定在正常位置的腹膜及肌层上,再关闭腹腔切口。

卧地的病牛,切口在腹正中旁(右)线上,打开腹腔后,按上法整复皱胃。

手术过程应大量输液,补充适量的氯化钾注射液,以纠正脱水和低氯血症、低钾血症、代谢性碱中毒。

【注意事项】

1. 综合判断 皱胃变位尤其是左方变位,是奶牛的高发疾病之一,应引起高度重视。听、叩诊结合是临床诊断皱胃变位的重要指标。但皱胃变位的确诊,应结合病史、叩诊结合听诊、穿刺液检查、尿酮检查,必要时行剖腹探查等。

2. 尽早治疗 本病的治疗,保守疗法对单纯性皱胃左方变位的早期病牛可望治愈,但总体效果不十分理想,而手术疗法治愈率高。经保守治疗复位后,应让动物尽可能地采食优质干草,以增加瘤胃容积,防止左方变位的复发和促进胃肠蠕动。

3. 加强护理 加强术中和术后护理。术中抗菌消炎、强心补液,可用0.5%甲硝唑700~1 000mL,静脉注射;复方氯化钠注射液3 000mL,25%葡萄糖注射液500~1 000mL,20%安钠咖注射液20mL,25%维生素C注射液20mL,静脉注射。术后抗菌消炎、强心补液、纠正碱中毒,可腹腔注射庆大霉素100万IU或输注甲硝唑适量,每日1次,连用3~5d。补液与术中相同。完全畅通后,兴奋胃肠功能,促进皱胃运动,可选用促反刍液、维生素B_1注射液、拟胆碱药等。

【思考题】

(1) 皱胃左方变位为何在奶牛产后易发？其原因主要是什么？

(2) 皱胃变位、皱胃扭转的临床诊断要点有哪些？最直接的诊断依据是什么？

(3) 皱胃左方变位手术治疗的关键环节是什么？

(4) 皱胃变位与原发性前胃弛缓、奶牛酮病或创伤性网胃炎如何进行鉴别诊断？

实验十 胃肠炎

胃肠炎（gstroenteritis）是胃黏膜和（或）肠黏膜及黏膜下深层组织重剧炎性疾病的总称。临床上单纯的胃炎或肠炎较少见到，二者往往相伴发生，故常合称为胃肠炎。按炎症类型分为黏液性、出血性、化脓性、纤维素性、坏死性胃肠炎；按病因分为原发性和继发性胃肠炎；按病程经过分为急性和慢性胃肠炎。临床特征主要表现为腹泻、脱水，偶有腹痛症状及不同程度的酸碱平衡失调。胃肠炎是畜禽常见的消化系统疾病之一，多见于马、牛、猪、犬和猫等动物。

【实验目的】

(1) 了解胃肠炎的发病原因，并掌握其临床症状特征。

(2) 掌握胃肠炎的实验室检查内容及其临床诊断和治疗意义。

(3) 重点掌握胃肠炎的治疗原则及治疗措施。

【实验准备】

1. 实验动物 患胃肠炎的牛、羊、猪、犬或猫等病畜。

2. 实验器材 显微镜、超净台、恒温培养箱、高压灭菌器、体温计、听诊器、注射器、输液器、灌肠器等，专用器材见下面各实验室检查内容。

3. 治疗药物 抗生素、磺胺类、高锰酸钾、次硝酸铋、液体石蜡（或植物油）等药物。

【实验内容】

（一）病史调查

胃肠炎的发病原因很多，概括起来主要分为原发性和继发性两种。

原发性胃肠炎的病因包括饲喂霉败饲料或不洁的饮水，采食了蓖麻、巴豆等有毒植物，误咽了酸、碱、砷、汞、铅、磷等有强烈刺激性或腐蚀性的化学物质，食入了尖锐的异物而损伤胃肠黏膜，畜舍阴暗潮湿、卫生条件差、气候骤变、车船运输、过劳、过度紧张等应激作用。此外，滥用抗生素，一方面细菌产生抗药性；另一方面在用药过程中造成肠道的菌群失调引起二重感染，如犊牛、幼驹在使用广谱抗生素治愈肺炎后不久，由于胃肠道的菌群失调而引起胃肠炎。

继发性胃肠炎常见于某些传染病，如猪瘟、仔猪副伤寒、猪痢疾、猪传染性胃肠炎、仔猪大肠埃希菌病、仔猪梭菌性肠炎、猪流行性腹泻、犊牛大肠埃希菌病、轮状病毒及细小病毒感染、沙门菌病、鸡白痢、犬细小病毒性肠炎等；某些寄生虫病，如犊牛隐孢子虫病、弓首蛔虫病、牛血矛线虫病、猪蛔虫病、禽球虫病等；急性胃肠卡他、肠便秘、肠变位、幼畜消化不良、化脓性子宫炎、瘤胃炎、创伤性网胃炎等及各种腹痛病的治疗不当或病情重剧的经过中，均可出现胃肠炎的病理过程和临床症状。

（二）症状观察

病的初期，多呈急性胃肠卡他的症状，以后逐渐地或迅速地出现胃肠炎的典型临床表现。

1. 全身症状加剧　精神沉郁，闭目呆立；食欲废绝而饮欲亢进；结膜潮红，巩膜黄染；体温升高至40℃以上，少数病畜后期发热，个别病畜始终不见发热；脉搏增数，达80～100次/min，初期充实有力，以后很快减弱。

2. 胃肠机能障碍重剧　表现口腔干燥，口色潮红、红紫或蓝紫，有多量舌苔，口臭难闻。常有轻微腹痛，喜卧。猪、犬、猫等中小动物常发生呕吐。持续而重剧的腹泻是肠胃炎的主要症状，频频排粪，粪便稀软、粥状、糊状或水样，常混有数量不等的黏液、血液或坏死组织碎片，有恶臭或腥臭味。肠音初期增强，后期减弱或消失。后期有排粪失禁和里急后重现象。

3. 脱水体征明显　胃肠炎腹泻重剧的，在临床上多于腹泻发作后18～24h，可见明显（占体重10%～12%）的脱水特征，包括皮肤干燥、弹性降低，眼球塌陷、眼窝深凹，尿少色暗，血液黏稠暗黑。

4. 自体中毒体征明显　病畜衰弱无力，耳尖、鼻端和四肢末梢发凉，局部或全身肌肉震颤，脉搏细数或不感于手，结膜和口色蓝紫，微血管再充盈时间延长，有时出现兴奋、痉挛或昏睡等神经症状。

炎症局限于胃和十二指肠的胃肠炎，病畜精神沉郁，体温升高，心率增快，呼吸加快，眼结膜颜色红中带黄色。口腔黏腻或干燥，气味臭，舌苔黄厚；排粪迟缓、量少，粪干量少、色暗表面覆盖多量的黏液；常有轻度腹痛症状。犬、猫胃、十二指肠炎或严重的小肠炎，都能引起呕吐；大肠炎，尤其是后段大肠发生炎症时，呈现里急后重。患胃肠炎时所排粪便有水样便、稀软便、胶冻状便、棕色便或带血便等，有的粪便有难闻的臭味。腹泻和呕吐常引起犬、猫机体脱水，电解质丢失，碱中毒（以呕吐为主）或酸中毒（以腹泻为主）。

另外，由特定病原引起的传染性胃肠炎，在临床上较为多见。猪瘟病发热明显，体温可达40.5～41℃或更高。发热初期便秘，接着转变为严重的水样灰黄色下痢。伴有结膜炎，运动障碍或后肢麻痹，后期在腹部、鼻、耳和四肢中部呈现紫色，败血症变化明显。仔猪副伤寒，呈持续下痢，其主要症状与猪瘟类似，但常发生于2～4月龄仔猪。仔猪梭菌性肠炎的特征为排出浅红色或红褐色稀粪，或含有坏死组织碎片，且发病急，病程短促，死亡率极高。猪痢疾，病原为猪痢疾密螺旋体，主要发生于2～3月龄仔猪，临床特征是先排软粪，渐变为黄色稀粪，混有黏液或血液，严重者排红色糊状稀粪，内含大量黏液、血块及脓性分泌物；有的排出灰色、褐色或绿色稀粪，内含气泡、黏液及纤维素伪膜。猪传染性胃肠炎和猪流行性腹泻，均为病毒引起，主要临床特征是呕吐、水样腹泻和脱水。不同点是前者发生于1周龄以内的乳猪，死亡率几乎达100%，1月龄以上的仔猪很少死亡；而后者并非所有乳猪都会发病，新生猪死亡率低，且日龄较大的患猪常出现嗜睡、精神沉郁和急性腹痛。犬细小病毒性肠炎，主要表现为先呕吐后腹泻，粪中含多量黏液和伪膜，2～3d后粪中带有血丝、腥臭难闻；精神委顿，食欲废绝，体温升高，渴欲增加，后期表现严重脱水、衰竭等。

动物的寄生虫性肠炎，如肠道线虫病，犊牛、羔羊的球虫病及隐孢子虫病，犊牛弓首蛔虫病等，亦以腹泻，腹泻物中混有黏液、血液，不同程度腹痛等为特征，但与胃肠炎比较其病情较轻，病程较长，致死率较低。

（三）实验室检查

实验室检查项目根据患病动物具体病情决定。如犬瘟热和犬细小病毒，可采用试纸条检测，白细胞计数、白细胞分类计数，血液流变学检查，粪便检查，B超检查，寄生虫检查等。如是细菌性的胃肠炎可做药敏实验，根据实验结果指导临床用药。

胃肠炎初期，白细胞总数增多，中性粒细胞比例增高，核左移（增生性左移）；后期病例，白细胞总数减少，中性粒细胞比例不大，且核左移（退行型左移）。由于脱水和循环衰竭而出现相对性红细胞增多症指征，包括血液浓稠，血沉减慢，红细胞压积增高（>40%）；出现代谢性酸中毒，血浆重碳酸盐减少，低钠血症、低氯血症和低钾血症；尿少比重高，含多量蛋白质、肾上皮细胞以及各种管型。

在临床治疗时，需要根据红细胞压积、血清电解质及血浆二氧化碳结合力的变化情况，尽早实施补液措施及纠正酸中毒，因此要进行血液红细胞压积容量（PCV）、血清钾含量和血浆二氧化碳结合力（CO_2CP）的测定。

1. 红细胞压积（PCV）的测定 红细胞压积测定是一种简单、实用的检查方法。

（1）原理：在具有100刻度的玻璃管中，充入抗凝血，经离心一定时间后，红细胞下沉并紧压于玻璃管中，读取红细胞柱所占的百分比，即为红细胞压积。

（2）器材和试剂：

①温氏管：管长11cm，内径约2.5mm，管壁有100个刻度。一侧自上而下标有0~10刻度，供测定血沉用，另一侧标有10~0刻度，供测定红细胞压积用。如无这种特制的管子，可用有100刻度的小玻璃管代替。

②长针头及胶皮乳头：选用长12~15cm的针头，将针尖剪去并磨平，针柄部接以胶皮乳头。也可用细长微细吸管代替。

③离心机：转速能达到4 000r/min。

（3）操作方法：用长针头吸满抗凝血，插入温氏管底部，轻捏胶皮乳头，挤入血液至刻度10处；置离心机中，以3 000r/min的速度离心30~45min（马的血液离心30min，牛、羊的血液离心45min），取出观察，记录红细胞层高度，再离心5min，如与第一次离心的高度一致，此时红细胞柱层所占的刻度数，即为PCV数值，用百分数表示。

（4）注意事项：温氏管及充液用具必须干燥，以免溶血；离心时，离心机的转速必须达到3 000r/min以上，并遵守所规定的时间；用一般离心机离心后，红细胞层呈斜面，读取时应取斜面1/2处所对应的刻度数（血浆与红细胞层之间的灰白层是白细胞和血小板，不应计算在内）。

（5）正常参考值：各种动物PCV正常值为30%~40%。

2. 血清钾测定（离子选择电极法）

（1）原理：离子选择电极法（ISE）是以测量电池的电动势为基础的定量分析方法。将离子选择电极和一个参比电极连接起来，置于待测的电解质溶液中，就构成一个测量电池，此电池的电动势（E）与被测离子活度的对数符合能斯特（Nernst）方程：

$$E=E^0+\frac{2.303RT}{nF}\lg a_x \cdot f_x$$

式中，E 为离子选择电极在测量溶液中的电位；E^0 为离子选择电极的标准电极电位；n 为被测离子的电荷数；R 为气体常数 [8.314J/（K·mol）]；T 为热力学温度（273+t℃）；F 为法拉第常数（96 487C/mol）；a_x 为被测离子的活度；f_x 为被测离子活度系数。

离子选择电极由钾离子不同活度的作用而产生不同的电位。这种电位的变化由离子活度所决定，与钾离子的浓度成比例。

用离子选择性电极测定钾的方法有两种，一种是直接电位法，一种是间接电位法。

①直接电位法：样品（血清、血浆、全血）或标准液不经稀释直接进入 ISE 管道做电位分析，因为 ISE 只对水相中离解离子选择性地产生电位，与样品中脂肪、蛋白质所占据的体积无关。一些没有电解质失调而有严重的高血脂和高蛋白血症的血清样品，由于每单位体积血清中水量明显减少，定量吸取样品做稀释后，再用间接电位法或火焰光度法测定，会得到假性低钠、低钾血症，但用直接电位法就能真实反应符合生理意义的血清中离子的活度（脂质和蛋白质占据体积无关）。有文献报道，直接电位法比间接电位法或火焰光度法高 2%~4%。有的厂家生产的直接钾离子分析仪，为了能与火焰光度法测得结果一致，设有血清、水中钾含量数值与火焰光度法数值相互校正的计算程序。如果选用这个程序，当样品血清蛋白质和脂肪含量在正常范围内，直接电位法与火焰光度法数值相同，如为高血脂、高蛋白或低蛋白样品，则二者结果将有差异。

②间接电位法：样品（血清、血浆、脑脊液）与标准液要用指定离子强度和 pH 的稀释液做高比例稀释，再送入电极管道，测量其电位，这时样品和标准液的 pH 和离子强度趋向一致，所测溶液的离子活度等于离子浓度，故间接电位所测得结果与火焰光度法相同，以 mmol/L 为单位。

（2）试剂与仪器：各厂家生产的仪器所需试剂都是配套供应的，详细使用方法见各仪器操作说明。仪器的主要结构部分是电极系统，各生产厂家的离子选择电极仪，所用电极基本相同。钾电极多采用缬氨霉素膜制成，这种电极膜有规定的使用寿命，需定期更换。

（3）操作方法：各种型号 ISE 分析仪的试剂配方、试剂用量、操作方法有所不同，一般要进行下列步骤。

①开启仪器，清洗管道。

②用适合本仪器的低、高值斜率液进行两点定标。

③间接电位法的样品由仪器自动稀释后再行测定；直接电位法的样品可直接吸入电极管道进行测定。

④测定结果由仪器内微处理器计算后打印数值。

⑤每天用完后，清洗电极和管道后再关机。

（4）注意事项：

①ISE 法优点，选择性高，缬氨霉素钾电极选择比 K：Na=5 000：1。

②标本用量少，直接电极法可以用全血标本。

③不需要燃料，安全。

④自动化程度高。

⑤可与自动生化分析仪组合。

(5) 参考值　见表2-3。

表2-3　健康动物血清钾含量参考值（mmol/L）

动物	牛	马	山羊	绵羊	猪	犬	猫
含量	3.9～5.8	2.4～4.7	3.5～6.7	3.9～5.4	4.4～6.7	4.37～5.35	4.0～4.5

3. 血浆二氧化碳结合力（CO_2CP）测定

(1) 原理：血浆二氧化碳结合力测定是根据血浆中的碳酸氢盐在加入乳酸后转变为碳酸，并分解成水和二氧化碳，测量二氧化碳容量，并与同等条件测量标准碳酸氢钠分解的二氧化碳容积之比，即可计算出血浆二氧化碳结合力的含量。

(2) 试剂配制：

①标准碳酸氢钠溶液（30mmol/L）：精确称取已干燥碳酸氢钠2.520g，溶于少量0.9%氯化钠溶液中（此液需用新鲜或重新煮沸过的蒸馏水配制），倾入1 000mL容量瓶中，再加稀释液至刻度，室温保存。

在标准状况下，1 mmol 二氧化碳占 22.4mL 体积，1mmol 的碳酸氢钠加酸后，产生1mmol 的二氧化碳，即22.4mL，因而30mmol/L 碳酸氢钠溶液相当于二氧化碳67.2mL。

②22%乳酸溶液：取乳酸（含量85%～90%）1份，加蒸馏水3份，混匀，室温保存。

(3) 操作方法：取静脉血约3mL，迅速分离血浆；准确吸取血浆1.0mL，加入反应瓶中，在盛酸杯中加入5滴22%乳酸溶液，用镊子小心将盛酸杯放入反应瓶中；将量气管与反应瓶两接，用血管钳夹紧橡皮管的排气端，记下未测前量气管的液面高度；用木试管夹夹持反应瓶，左右摇动，使盛酸杯倾倒，持续约30s，直到产生的二氧化碳使量气管中的液面不再上升为止，记下读数，算出实际上升数值；取另一干净反应瓶，准确加入标准碳酸氢钠标准溶液1.0mL，于盛酸杯中加入22%乳酸溶液5滴，按上述操作，算出液面上升的实际数值。

(4) 计算：

$$血浆二氧化碳结合力（mL）=\frac{测量数值}{标准数值}\times 672$$

(5) 正常参考值：各种动物二氧化碳结合力正常值为50～70mL。

(四) 诊断

一般胃肠炎的临床诊断依据：患病动物全身症状重剧，口腔黏腻或干燥，气味臭，舌苔黄厚，肠音初期增强以后减弱或消失，腹泻明显，以及迅速出现的脱水和自体中毒症状。症状的不同组合，有利于判断病变发生的部位，如口腔症状明显，肠音沉衰，粪球干小的，主要病变可能在胃；腹痛或黄染明显，腹泻出现较晚，且继发积液性胃扩张的，主要病变可能在小肠；腹泻出现早，脱水体征明显，并有里急后重表现的，主要病变在大肠。

继发性胃肠炎的病因和原发病的确定比较复杂和困难，主要依据流行病学调查，血、粪、尿或其他病料的检验，草料和胃内容物的毒物分析，以区分单纯性胃肠炎、传染性胃肠炎、寄生虫性胃肠炎和中毒性胃肠炎。必要时可进行有关病原学的特殊检查。在鉴别诊断时，应与胃肠卡他从全身症状、肠音及粪便变化上进行鉴别。

(五) 治疗

患急性胃肠炎的病畜，如治疗及时、护理好，多数可望康复；若治疗不及时，则预后不良。患慢性胃肠炎的病畜，病程数周至数月不等，最终因衰竭而死或因肠破裂而死于穿孔性腹膜炎和内毒素休克。

治疗原则：消除病因，抑菌消炎，清理胃肠，补液、解毒、强心，增强机体抵抗力。

1. 消除病因 细菌性胃肠炎用抗生素或磺胺类药物等治疗；病毒性胃肠炎需用抗病毒药物及单克隆抗体、抗病毒血清、干扰素等治疗，同时配合抗生素防止继发细菌感染；真菌性胃肠炎用抗真菌的药物；寄生虫性胃肠炎用驱虫药。

2. 抑菌消炎 抑制肠道内致病菌增殖，消除胃肠炎症过程，是治疗急性胃肠炎的根本措施，适用于各种病型，应贯穿于整个病程。可依据药敏实验结果或临床经验选用抗生素或磺胺类药物。根据病情采取口服、皮下注射、静脉注射或腹腔注射等不同的用药途径。可以用云南白药、高锰酸钾、次硝酸铋等药物灌肠，内服诺氟沙星或呋喃唑酮，或者肌肉注射庆大霉素、环丙沙星等抗菌药物。

3. 缓泻 在肠音弱、排粪迟滞，粪干、色暗附有黏液、气味腥臭者，为促进胃肠内容物排出，减轻自体中毒，应采取缓泻疗法。病初期的马、牛、猪，常用人工盐、硫酸钠等，加适量防腐消毒药内服。晚期病例，以灌服液状石蜡为好。对犬、中小体型猪的肠弛缓，宜用甘汞内服，也可用甘油、液状石蜡内服。具体用药量根据药物手册规定的剂量及动物体重大小确定，要注意防止剧泻。

4. 止泻 适用于粪稀如水，不带黏液、腥臭味不大且仍剧泻不止的非传染性胃肠炎病畜，常用吸附剂和收敛剂，如内服药用炭、木炭末等，也可灌服炒面、浓茶水。

5. 补液、纠正酸中毒 可根据红细胞压积（PCV）、血钾含量、血浆二氧化碳结合力（CO_2CP）等的实验室检查结果，按照下列公式计算出补液量及补充氯化钾、碳酸氢钠等物质的量。

$$补充等渗氯化钠溶液估计量（mL）=\frac{PCV测定值-PCV正常值}{PCV正常值}\times 体重（kg）\times 0.25^{①}\times 1\,000$$

$$补充5\%碳酸氢钠溶液估计量（mL）=(CO_2CP正常值^{②}-CO_2CP测定值)\times 体重（kg）\times 0.4^{③}$$

$$补充氯化钾估计量（g）=\frac{(血清钾含量正常值-血清钾含量测定值)\times 体重（kg）\times 0.25^{①}}{14^{④}}$$

以上公式中，①动物细胞外液以25%计算；②CO_2CP值的单位为：mmol/L；③动物细胞外液以25%计算，5% $NaHCO_3$/mL=0.6mmol，0.25÷0.6=0.4；④1g的氯化钾约折合为14mmol钾离子。

静脉补液应留有余地，当日一般先给1/2或2/3的缺水估计量，边补边观察，其余量可在次日补完。碳酸氢钠的补充，可先输2/3量，另1/3量可视具体情况续给。静脉补充氯化钾时，浓度不超过0.3%，输入速度不宜过快，先输2/3量，另1/3量可视具体情况续给；口服时以饮水方式给药。

心力极度衰竭时，既不宜大量快速输液，少量慢速输液又不能及时补足循环容量，此时可施腹腔补液，或用1%温盐水灌肠。如有条件可输全血或血浆、血清。

6. 维护心脏功能 可应用西地兰、毒毛花苷钾等药物，或利用强心药物进行治疗。

7. 中兽医治疗 中医上称肠炎为肠黄，治以清热解毒、消黄止痛、活血化瘀为主。宜用郁金散（郁金36g，大黄50g，栀子、诃子、黄连、白芍、黄柏各18g，黄芩15g）或白头翁汤（白头翁72g，黄连、黄柏、秦艽各36g）。

8. 加强护理 搞好畜舍卫生，开始采食时给予易消化的食物和清洁饮水，然后转为正常饲养。

【注意事项】

（1）临床上针对胃肠炎的预防，应注意搞好饲养管理工作，不用霉败饲料喂家畜，不让动物采食有毒物质和有刺激、腐蚀的化学物质；防止各种应激因素的刺激；消灭传染源，预防各种传染病；搞好畜禽的定期预防接种和驱虫工作。

（2）随着宠物养殖业的快速发展，对于宠物疾病的防治工作应该引起兽医工作者的高度重视。因此，临床上进行犬、猫胃肠炎的治疗时，一定要注意以下几个方面的问题。

①脱水量的估计：临床上估计犬、猫脱水量主要从精神状态、皮肤弹性、黏膜干燥、眼窝下陷等情况和毛细血管再充盈的时间（正常为1.3s）等来判断（表2-4）。

表2-4 犬猫脱水程度的临床判断

脱水程度	体重减少（%）	精神状态	皮肤弹性实验持续时间（s）	口腔黏膜	眼窝下陷	毛细血管再充盈时间（s）	每千克体重补液量（mL）
轻度	5~8	稍差	2~4	轻度干涩	不明显	稍增长	30~50
中度	8~10	差，喜卧少动	6~10	干涩	轻微	增长	50~80
重度	10~12	极差，不能站	20~45	极干涩	明显	超过3	80~120

②补液：确定脱水量后，应在4~6h内，通过饮喂、静脉输液、灌肠等方式补液。静脉补液速度，开始时大型犬90滴/min，猫和小型犬50滴/min，等症状改善后，速度减半输注。若体液继续丢失，采取丢多少补多少，以犬、猫每天每千克体重需60mL水分的原则补充。为防止内毒素血症，严重胃肠炎静脉输液时，液体里可加入地塞米松，剂量为每千克体重0.5~1.0mg，1~2次/d。

③补充电解质：胃肠炎引起的呕吐和腹泻，主要丢失的电解质是钠、氯和钾。补充钠和氯最好用等渗的林格氏液和生理盐水，补充钾可在每升等渗液里加入0.7~1.5g（10~20μmol/L）氯化钾。也可用口服补液盐来补充钠、钾和氯，方法为口服或灌肠。需要注意的是，肾功能正常能排尿的犬、猫才能补钾。

④纠正酸碱平衡：严重呕吐引起代谢性碱中毒，并有低钾血、低氯血和低钠血的，用加入氯化钾的生理盐水治疗较好。严重腹泻常引起代谢性酸中毒，除补充液体外，需补充碳酸氢钠或乳酸钠。对腹泻酸中毒，建议每千克体重给予5%碳酸氢钠溶液1~3mL，或11.2%乳酸钠溶液0.5~1.5mL，先静脉输入1/3量，另2/3量缓慢输入。

⑤急性胃肠炎：需减少饮食，甚至绝食12~48h。呕吐和腹泻停止后，可给少量易消化吸收的食物，如米汤、酸奶、羔羊肉等，3~6次/d，2~3d后才给予正常饮食。

【思考题】

(1) 以呕吐为主症的胃肠炎和以腹泻为主症的胃肠炎在纠正酸碱平衡时应分别考虑用何种药物?

(2) 胃肠炎病畜在什么情况下用缓泻剂?什么情况下用止泻剂?

(3) 将自己参与诊疗的病例总结归纳,写一篇病例分析报告。

实验十一 肺 炎

肺炎(pulmonitis)是指肺部发生炎症的总称。由于肺的特殊组织结构,常见肺实质和间质同时发生炎症,发生原因多为机体免疫力下降和细菌感染的结果。根据炎症发生、发展的不同可分为小叶性肺炎和大叶性肺炎,由于异物进入肺内导致炎症发生的称为异物性肺炎。

【实验目的】

(1) 利用基本检查法、实验室检查法和特殊检查法,对小叶性肺炎、大叶性肺炎和异物性肺炎等做出正确诊断。

(2) 根据诊断结果,掌握各型肺炎的治疗原则和方法。

【实验准备】

1. 实验动物 疑似肺炎病犬 4 只,或疑似肺炎病牛 1 头。

2. 实验器械 兽用体温计、听诊器、叩诊槌(板)、X 线机、生物显微镜,静脉输液及注射用器材,保定用器材等。

3. 试剂与药物 氯化硝基四氮唑蓝、肝素,各类抗菌消炎药物、解热镇痛药,普鲁卡因、钙制剂、葡萄糖、生理盐水,加味麻杏石甘汤、清瘟败毒散等。

【实验内容】

(一) 小叶性肺炎

1. 诊断

(1) 临床基本诊断:病畜表现咳嗽,体温升高 1.5~2.0℃,呈弛张热型;呼吸浅表、增数,呈混合性呼吸困难,伴有低弱的痛咳。胸部叩诊,出现不规则的半浊音区。浊音则多见于肺下区的边缘,其周围健康部的肺脏叩诊音高朗。听诊区肺泡音减弱或消失,初期出现干啰音,中期出现捻发音、湿啰音。

(2) 血常规检查:

①白细胞计数:白细胞(WBC)计数采用显微镜计数法。在细菌性肺炎时白细胞总数增高,一般为 $(1\sim30)\times10^9$ 个/L。

操作方法:取小试管 1 支,加入白细胞稀释液即 2% 的冰醋酸溶液 0.38mL。用沙利氏吸血管吸取被检抗凝血至 20μL 处。擦去管外黏附的血液,吹入小试管中,反复吸取数次,以洗净管内黏附的白细胞,充入振荡混合。用毛细吸管吸取被稀释的血液,充入已盖好盖玻片的计数室内,静置 2~3min 后,待白细胞下沉。在低倍显微镜下计数四角大格内的白细胞。

计算：每升血液中的白细胞数＝四个大格内白细胞数$\times 50 \times 10^6$

正常参考值：健康动物白细胞数见表2-5。

表2-5 健康动物白细胞数（$\times 10^9$ 个/L）

动物种类	平均数值	变动范围
马	8	7～9
黄牛、奶牛	7.5	7～8
水牛	8.8	8～9
绵羊	8.5	8～9.5
山羊	10	7～13
猪	13	11～16
鸡	20	18～30

②白细胞分类计数：是将被检血液做成推片染色，在显微镜下观察、计数，并求出各种白细胞所占的百分率。

血涂片制作方法：取无油脂的洁净载玻片数张，选择边缘光滑的载片作为推片（推片一端的两角磨去，也可用血细胞计数板的盖玻片作为推片），用左手的拇指夹持载片，右手持推片；先取被检血1小滴，置于载玻片的右端，将推片倾斜30°～40°角，使其一端与载片接触并放于血滴之前，向后拉动推片，使推片与血滴接触，待血液扩散形成一条线状之后，以均等的速度轻轻向前推动推片，则血液被均匀地涂于载片上而形成一薄膜（图2-1、图2-2）。

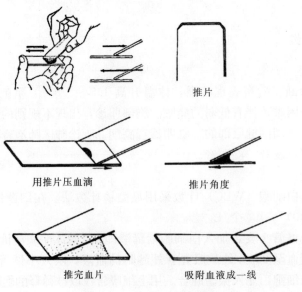

图2-1 涂制血片的方法

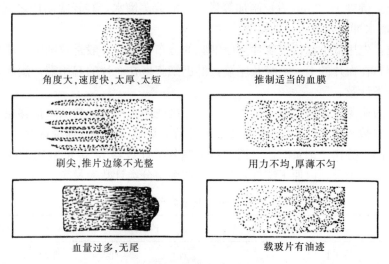

图2-2 各种血膜的比较

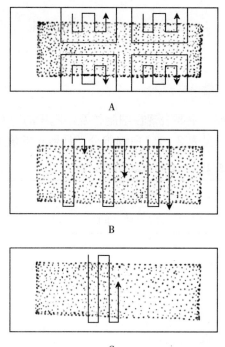

图2-3 白细胞分类计数顺序
A. 四区计数法　B. 三区计数法　C. 中央曲折计数法

良好的血涂片，可见血液分布均匀，厚度适当。对光观察时呈霓虹色，血膜应位于玻片中央，两端留有空隙，以便注明动物性别、编号和日期。

染色方法：临床最常用瑞氏染色法。将自然干燥的血片用蜡笔于血膜两端各划一道横线，以防染色液外溢。置血片于水平支架上，将瑞氏染色液滴于其上，并计其滴数，直至将血膜浸盖为止。待染 1~2min 后，滴加等量缓冲液或蒸馏水，轻轻吹动使之混匀，再染 4~10min，用蒸馏水冲洗，吸干，油镜观察。

分类计数：先用低倍镜检视血片上白细胞的分布情况，一般是粒细胞、单核细胞及体积较大的细胞分布在血片的上、下缘及尾端，淋巴细胞多在血片的起始端。滴加显微镜油，改用油镜进行分类计数。

计数时，为避免重复和遗漏，可用四区、三区或中央曲折计数法，推移血片，记录每一区的各种白细胞数（图 2-3）。每张血片最少计数 100 个白细胞，连续观察 2~3 张血片，求出各种白细胞的百分比。记录时，可用"白细胞分类计数器"，也可事先设计一个表格，用画"正"字的方法记录，以便于统计百分数。白细胞分类计数表见表 2-6。

表 2-6　白细胞分类计数统计表

动物种类：		门诊号：		诊断：		日期：	
计数区	I	II	III	IV	合计（个）	百分比（%）	
嗜碱性粒细胞	1			1	2	1	
嗜酸性晚幼粒细胞	2	3	2	1	8	4	
嗜中性杆状核粒细胞	3	2	1	2	8	4	
嗜中性分叶核粒细胞	37	31	22	30	110	55	
淋巴细胞	15	17	19	15	66	33	
单核细胞	2	1	2	1	6	3	
合计	50	54	46	50	200	100	

各种白细胞的形态特征：主要表现在细胞核及细胞质的特有形状上，并应注意细胞的大小。各种白细胞的形态特征见表 2-7。白细胞分类计数正常值见表 2-8。

表 2-7　各种白细胞的形态特征（瑞氏染色法）

白细胞分类	细胞核							细胞质	
	位置	形状	颜色	核染色质	细胞核膜	数量	颜色	透明带	颗粒
嗜中性幼稚型粒细胞	偏心性	椭圆形	红紫色	细致	不清楚	中等	蓝色、粉红色	无	红色或蓝色、细致或粗糙
嗜中性杆状核粒细胞	中心或偏心性	马蹄形、腊肠形	浅紫蓝色	细致	存在	多	粉红色	无	嗜中、嗜酸或嗜碱
嗜中性分叶核细胞	中心或偏心性	3~5叶者居多	深蓝紫色	粗糙	存在	多	淡粉红色	无	粉红色或紫红色
嗜酸性粒细胞	中心或偏心性	2~3叶者居多	较淡紫蓝色	粗糙	存在	多	蓝色、粉红色	无	深红色，分布均匀，马的最大，其他动物次之

（续）

白细胞分类	细胞核							细胞质	
	位置	形状	颜色	核染色质	细胞核膜	数量	颜色	透明带	颗粒
嗜碱性粒细胞	中心性	叶状核不太清楚	较淡紫蓝色	粗糙	存在	多	浅粉红色	无	蓝黑色，分布不均匀，大多在细胞的边缘
淋巴细胞	偏心性	圆形或微凹入	深紫蓝色	大块、中等块致密	浓密	少	天蓝色、深蓝色或淡红色	胞质深染时存在	无或有少数嗜天青蓝色颗粒
大单核细胞	偏心或中心性	豆形、山字形、椭圆形	淡紫蓝色	细致网状、边缘不齐	存在	很多	灰蓝色或云蓝色	无	很多，非常细小，淡紫色

表 2-8 各种动物白细胞分类正常平均值（%）

动物种类	嗜碱性粒细胞	嗜酸性粒细胞	中性粒细胞			淋巴细胞	单核细胞
			晚幼细胞	杆状核	分叶核		
牛	0.5	4.0	0.5	3.0	33.0	57.0	2.0
马	0.5	4.5	0.5	4.0	54.0	34.0	2.5
羊	0.5	4.5	1.0	3.0	33.0	55.5	3.5
猪	0.5	2.5	1.0	5.5	32.0	55.5	3.5
骆驼	0.5	8.0	1.0	6.5	47.0	35.0	2.0

白细胞分类计数时，初期肺炎病畜的嗜中性粒细胞在 60%～90%，并有核左移现象，胞质中可有中毒颗粒。但在重症金黄色葡萄球菌性肺炎或革兰阴性杆菌肺炎时白细胞可增高或降低。病毒性肺炎白细胞大多数正常或降低。

（3）四唑氮蓝（NBT）试验：四唑氮蓝（nitroblue tetrazolium，NBT）是一种水溶性的淡黄色活性染料，当其被中性粒细胞的酶还原后，则变为非水溶性的蓝黑色颗粒沉淀于胞质内。当机体受细菌、真菌和寄生虫感染时，中性粒细胞的吞噬能力明显增强，还原 NBT 的能力亦随之增高，但病毒性感染或非感染性疾病则不增高。

①器材：小玻璃瓶，也可用青霉素瓶代替，每瓶加入 126IU/mL 肝素 0.1mL（即 12.6IU），加塞；小试管、毛细滴管、吹风机等。

②试剂：

0.2% NBT 溶液：取 10mg 四唑氮蓝置于棕色瓶内，加入 5mL 生理盐水，于室温下摇动 1h，或置于 80℃ 水浴中搅拌或振荡，促其溶解。溶液呈淡黄色，清亮，少量不溶的颗粒静置后沉于瓶底。为避免不溶性颗粒或沉渣影响试验结果，亦可用滤纸将其过滤，置于 4℃ 冰箱保存，有效期 3～6 个月，用时吸上清液。

0.15 mol/L 磷酸盐缓冲液（pH 7.2）：（取 7.6 g Na_2HPO_4 及 2.48g KH_2PO_4，加入适量生理盐水，使其容积成 500mL，调整 pH 为 7.2。混匀，过滤，113℃高压灭菌20min，分装，置 4℃冰箱保存备用。

NBT 应用液：取上述 0.2% NBT 溶液与 0.15mol 磷酸盐缓冲液等量混合。应用时现配）。

1% 沙黄（safranin O）水溶液：取沙黄 1g，先加入 1~2mL 95% 酒精，边振荡边加入 98mL 蒸馏水，使之逐渐溶解，过滤，滤液分装于玻璃瓶内，室温保存。

③操作：取静脉血 0.5~1.0mL，按每毫升 12.6IU 加入肝素抗凝。取抗凝血 0.1mL，加入等量的 NBT 应用液，放入 12mm×75mm 小试管，混匀，将管口盖上，置 37℃温箱孵育 25min，然后在室温下放置 15min，其间振摇一次。取出液体摇匀，用毛细滴管吸取 1 滴置于玻片的一端作推片，要求推出尾部，推片要厚薄适宜。立即用吹风机吹干，甲醇固定 1~2min，吹干，用 1% 沙黄水溶液染色 5min，也可用 5% 甲基绿水溶液染色 15min，或用姬姆萨—瑞氏染液染色，自来水冲洗，吹干，油镜观察、计数。

④计数：NBT 阳性细胞的百分率为计算 100 个中性粒细胞中 NBT 阳性细胞数。

必须注意，单核细胞还原 NBT 的能力也很强，计数时，应注意不要将聚集的或破坏的多核白细胞及单核细胞计算在内。

⑤结果判定：若血涂片中有 10% 以上的中性粒细胞能还原 NBT，即为细菌感染阳性反应（即细菌性肺炎）。

（4）病原学检查：

①痰涂片：通过革兰染色可鉴别阳性球菌和阴性杆菌。病毒性感染时，以单核细胞为主，并在分泌细胞中可见有包涵体。霉菌感染时可见有霉菌孢子和菌丝。放线菌肺炎病畜的痰中可见到"硫磺颗粒"。

②培养：可取痰、呼吸道分泌物及血液进行培养检测，以鉴别和分离出致病菌株。有时需用特殊培养基才能获得菌株，如厌氧菌、真菌、支原体、立克次体以及军团杆菌等。病毒性肺炎可做病毒分离。

③细菌性肺炎病原：利用对流免疫电泳法检测肺炎球菌多糖抗原，阳性率高，方法简单，1h 可得出结果。用酶联免疫吸附试验（ELISA）、放射免疫电泳等检测血清中特异性抗体、抗原，均有助于细菌病原学的早期诊断；用聚合酶链反应（PCR）对金黄色葡萄球菌、肺炎杆菌、大肠埃希菌等的检测具有准确、快速、特异的优点，易于临床应用。

④病毒病原学检查：取鼻咽拭子或气管分泌物作病毒分离，虽阳性率高，但需时间较长，不能早期诊断。取急性期和恢复期双份血清做 IgG 抗体测定，若恢复期血清抗体滴度较急性期高 4 倍，则可确诊。用于病毒病原学的快速诊断方法有多种，如免疫荧光法、免疫酶标法、单克隆抗体法、间接免疫荧光法等，并可用 PCR 检测病毒。用辣根过氧化酶-抗辣根过氧化酶法（PAPer）快速检测合胞病毒抗原，设备简单，易辨认，适合基层开展。

（5）X 线检查：表现斑片状或斑点状的渗出性阴影。也有较大片云絮状阴影，但密度多不均匀。轻症或早期仅见两肺内纹理增粗，肺门影增宽。随后出现小点片状阴影，以两肺下部、心膈角及中部带较多见，很少融合成大片。如支气管痰堵，可发生部分肺不张或局限性肺气肿。有并发症者可出现相应改变。如并发脓胸，早期肋膈角变钝，积液多时，患侧呈片状致密阴影，纵隔向健侧移位。并发脓气胸者患侧胸膜腔可见气-液平面。肺大泡的空腔形成迅速，易变，壁薄，多无平面，短期可自行消失。

（6）鉴别诊断：本病与细支气管炎和大叶性肺炎有相似之处，应注意鉴别。细支气管炎，呼吸极度困难，因继发肺气肿，叩诊呈过清音，肺界扩大。大叶性肺炎，呈稽留热型，有时见铁锈色鼻液，叩诊有大片弓形浊音区，X线检查发现大片均匀的浓密阴影。

2. 治疗　治疗原则为加强护理，抗菌消炎，祛痰止咳，制止渗出和促进渗出物吸收及对症疗法。

（1）加强护理：将病畜置于光线充足、空气清新、通风良好且温暖的畜舍内，供给营养丰富、易消化的饲草料和清洁饮水。

（2）抗菌消炎：主要应用抗生素和磺胺类药物5～7d，退热后3d才能停药。

（3）祛痰止咳：小家畜（如犬）频繁出现咳嗽而鼻液黏稠时，用溶解性祛痰剂氯化铵及碳酸氢钠各1～2g，溶于适量生理盐水中，1次灌服，3次/d。若频发痛咳而分泌物不多时，用镇痛止咳剂复方樟脑酊5～10mL口服，2～3次/d；或磷酸可待因0.05～0.1g口服，1～2次/d。也可用盐酸吗啡、咳必清等止咳剂。

（4）制止渗出：小家畜静脉注射10%氯化钙10～20mL或10%葡萄糖酸钙10～20mL，1次/d，有利于制止渗出和促进渗出液吸收。

（5）对症疗法：病畜体温过高时，可用解热药复方氨基比林或安痛定注射液，剂量为牛20～50mL，犬1～5mL，肌肉或皮下注射。体质衰弱时，可静脉输液，如病犬补充25%葡萄糖注射液200～300mL；心脏衰弱时，可皮下注射10%安钠咖2～10mL，3次/d。

（6）中药疗法　方用加味麻杏石甘汤，开水冲服。

（二）大叶性肺炎

1. 诊断

（1）临床检查特征：精神沉郁，呼吸急促，呈混合性呼吸困难。如病犬体温可达40.6℃、心跳180次/min、呼吸55次/min。流铁锈色的鼻液，听诊心跳加快、节律不齐，肺部听诊呼吸音粗厉，可听到湿啰音。叩诊胸腔右侧有广泛浊音区，主要集中在中下部。

（2）血常规检查：白细胞总数高达19 000个/mL，其中嗜中性粒细胞大量增加，且有核左移现象。

（3）X线检查：一侧或两侧肺叶有大片匀质阴影区域。

2. 治疗　治疗原则是加强护理，消除炎症，制止渗出，促进炎症产物的吸收和排出，强心、补液。

（1）抗菌消炎：青霉素，每千克体重4万～6万IU，肌肉注射，2次/d；甲硝唑注射液50mL，静脉注射。

（2）止咳化痰：甲基吗啡5mg，肌肉注射，2次/d。

（3）制止渗出：10%葡萄糖酸钙注射液10mL，静脉注射，1次/d。

（4）支持疗法：5%葡萄糖溶液300mL，复方氨基酸注射液100mL，静脉注射，1次/d。

（5）中药治疗：清瘟败毒散，水煎灌服。

（三）异物性肺炎

异物性肺炎又称吸入性肺炎，是由于外界异物进入肺部诱发的炎症过程。

1. 诊断 根据病史，结合呼出腐败性臭味的气体、鼻孔流出污秽恶臭的鼻液及叩诊和听诊的病理变化，即可做出诊断。X 线检查可提供诊断依据。

鉴别诊断：腐败性支气管炎缺乏高热和肺浸润症状，鼻液中无弹力纤维。支气管扩张因渗出物积聚于扩张的支气管内，发生腐败分解，呼出气体及鼻液也可能有恶臭气味，但渗出物随剧烈咳嗽可排出体外，无弹力纤维，全身症状较轻。副鼻窦炎因化脓多出现单侧性鼻液，全身症状不明显，肺部叩诊和听诊无异常。

2. 治疗 治疗原则是迅速排出异物，抗菌消炎，制止肺组织的腐败分解及对症治疗。

（1）排除异物：使动物保持安静，即使咳嗽剧烈也应禁止使用止咳药，并尽可能让动物站在前低后高的位置，将头放低，便于异物向外咳出。

（2）抗菌消炎：在牛，可将青霉素 300 万～500 万 IU、链霉素 1～2g 与 1％～2％的普鲁卡因溶液 40～60mL 混合，气管注射（方法见实验四），1 次/d，连用 2～4 次。

（3）制止腐败：可静脉注射樟酒糖液（含 0.4％樟脑、6％葡萄糖、30％酒精、0.7％氯化钠的灭菌水溶液），剂量为牛 200～250mL，1 次/d。

（4）对症治疗：包括解热镇痛、强心补液、调节酸碱和电解质平衡、补充能量、输入氧气等。

（四）重症肺炎的诊断与治疗

重症肺炎是相对于轻症肺炎而言的，是幼畜禽致死的重要疾病。肺炎病畜（禽）出现严重的通、换气功能障碍或全身炎症反应时，即可诊断为重症肺炎，病畜（禽）会同时出现累及其他系统相应的症状和体征的改变。引起重症肺炎的高危因素有：非母乳喂养、营养不良、空气污染、低体重、未按免疫程序接种疫苗、先天性或获得性免疫功能缺陷、先天性心脏病、先天性代谢遗传性疾病以及早产等。

1. 诊断 重症肺炎的诊断依据包括：临床症状、胸片改变、病原学检查及血气分析变化。

（1）临床表现：发病多数较急，发热、咳嗽、气喘是肺炎的主要症状，幼畜禽可仅有气喘表现。临床检查见呼吸增快，肺部固定的中、小湿啰音，深吸气时明显。可见呼吸困难及发绀，鼻翼扇动及肛门抽动。严重病例可致通气与换气功能障碍，导致缺氧和二氧化碳潴留。同时由于病原菌毒素的影响，引起一系列的全身中毒表现，导致多器官功能不全，如呼吸功能不全、酸碱平衡失调及电解质紊乱、中毒性心肌炎及心功能不全、中毒性脑病和中毒性肠麻痹等临床表现。

（2）实验室检查：

①炎症介质的检测：可对重症肺炎做出早期诊断，常用实验室指标有：外周血白细胞（WBC）、红细胞沉降率（ESR）。早期反映重症肺炎的血清降钙素原（procalcitonin，PCT）是细菌感染标志物。

血清（浆）降钙素原是近年发现的用于全身细菌感染诊断和鉴别诊断的新的血清标志物。PCT 不仅可用于全身细菌感染诊断和鉴别诊断，对疗效观察、预后判断也具有很高的临床价值，还可以反映疾病的严重程度及炎症活动情况。根据 PCT 变化进行治疗，在一定程度上可以防止耐药菌株及二重感染的发生。

血清 PCT 的测定方法：德国 BRAHMS 公司半定量快速法（胶体金技术），所用检测盒采用胶体金免疫层析技术,当血标本中的PCT浓度超过0.5ng/mL时,反应带就会显示红色,红色的深浅与PCT的浓度成正比。操作步骤:打开塑料袋,取出检测板水平放置在水平操作台上,注明病畜编号。用一次性滴管向标本孔内滴入6滴血清或血浆,反应30min,观察结果,与比色卡比较。

注意事项:使用新鲜标本,如果4h内不使用,应将标本在−20℃保存。使用前应先将试剂盒放置至室温,检测标本时才打开塑料袋。若使用定量加样器,加入200μL标本。如无质控带出现,应重复检测。

②内环境紊乱监测:重症肺炎病畜都有低氧血症的表现。低氧血症易引起酸碱失衡及电解质紊乱,因此监测血气分析及电解质极为重要。

(3) X线检查:是肺炎诊断的重要依据,重症肺炎的X线表现有变化快、病变范围广等特点。

(4) 重症肺炎临床诊断标准:

①呼吸困难和缺氧症状明显,且吸氧后症状不能缓解。

②有明显中毒症状,如嗜睡、昏迷、精神极度萎靡、频繁或持久的抽搐。

③有心力衰竭或(和)中毒性脑病或(和)中毒性麻痹等。

④肺部湿啰音密集,有支气管呼吸音及叩诊浊音,X线检查有阴影弥漫或明显大片阴影。

⑤严重并发症,如脓胸、脓气胸、败血症。

凡肺炎病畜具有上述诊断标准一项或一项以上者,均诊断为重症肺炎。

(5) 鉴别诊断:

①肺结核:肺结核多有全身中毒症状,如发热时间较久,盗汗、体重减轻等。X线胸片见病变多在右上肺或伴有肺门病变,可呈实变影,干酪样肺炎可形成空洞,结核全身播散可形成粟粒样结核。痰中可找到分枝杆菌。一般抗菌药物治疗无效。

②急性肺脓肿:早期临床表现与肺炎链球菌肺炎相似。但随着病程进展,咳出大量脓臭痰液为肺脓肿的特征。X线片显示脓腔及气液平面,易与肺炎相鉴别。

③心力衰竭及肺水肿:可被误诊为重症肺炎,应加鉴别。

2. 治疗

(1) 一般支持疗法:

①加强护理,提供舒适、安静的环境,耐心护理,保证病畜充分休息。厩舍应使空气流通。帮助翻身、变换体位以利于呼吸道分泌物排出及炎性产物吸收。

②镇静:对于烦躁不安的病畜可适当应用镇静药,如苯巴比妥,每千克体重5mg,肌肉注射;10%水合氯醛,每千克体重25~40mg,口服。镇静剂可抑制咳嗽,使痰液不易咳出,不可多用。

③退热:可先采用物理降温,高热病畜可口服对乙酰氨基酚,每千克体重10~15mg,或布洛芬,每千克体重5~10mg。

④止咳化痰:可用中药化痰或盐酸氨溴索口服或静脉滴注(30mg加入30~50mL糖水中)。

⑤伴有喘息者加用平喘药物,如舒喘灵,每次每千克体重0.1mg,雾化治疗,每6~8h 1次,或口服。

⑥对鼻黏膜肿胀明显者可用0.5%麻黄素滴鼻,以减轻症状。

⑦注意消毒隔离，防止感染其他畜禽。

(2) 通气支持疗法：

①保持呼吸道通畅：及时清理呼吸道，引流痰液（包括超声雾化及吸痰），防止因呼吸道分泌物阻塞而给氧不成功，以保证组织有足够的供氧。可选择 0.9% NaCl 作雾化液，利用其高渗透浓度吸收水分，使痰液变稀易于排出，雾化之后及时吸痰。

②给氧：给氧是重症肺炎治疗的必备条件。严重肺部感染伴有高热是氧疗的适应证之一。氧疗的原则是以尽可能低的吸氧浓度，达到提高血氧分压至安全水平。对有气促者可经鼻导管给氧；对经鼻导管给氧不能纠正缺氧者，应在保持呼吸道通畅的情况下及时给予面罩、头匣、高频通气及持续正压给氧法（CPAP）；对极重度的病畜应及时给予气管插管机械通气给氧。进行氧疗的病畜，必须监测呼吸频率及呼吸方式、心率、体温、经皮血氧浓度、血气分析等指标。

(3) 营养支持疗法：机体应激状态时，体内能量消耗过多也可导致营养不良，进一步使肺通气功能和机体免疫功能下降，病畜易发生二重感染加快全身衰竭。供能比例：糖类 50%~60%，蛋白质 15%~20%，脂肪 20%~30%。注意微量元素及维生素的供给。营养支持疗法应注意：①摄入过量糖可增加二氧化碳生成，增加呼吸负荷；②过量蛋白质摄入使中枢的通气驱动作用增强，即对二氧化碳的通气反应明显增加，每分钟通气量增大，增加呼吸负荷，不利于康复。

(4) 液体支持疗法：对不能采食者，每日每千克体重输液量 60~80mL，以葡萄糖与生理盐水 4:1 或 5:1 的量静脉输入。如发生低钠血症，注射高渗盐水（3%盐水每千克体重 6~12mL，可使血钠提高 5~10mmol/L）。代谢性酸中毒者应给予 5%碳酸氢钠，每千克体重 2.5~5mL，加糖水稀释成 1.4%浓度静脉输注。

(5) 免疫支持疗法：

①静脉注射 γ 球蛋白，每日每千克体重 200~400mg，连用 2~3d。

②应用抗病毒 IgG。

③可酌情输注血浆或新鲜血液作为支持疗法。

(6) 激素疗法：有效抗生素控制感染的同时，可在下列情况下应用激素：

①中毒症状严重，如出现休克、中毒性脑病、超高热等。

②毛细支气管炎气喘严重时也可考虑短期应用。

③早期胸腔积液。用药时间 3~5d，可选用甲基泼尼松，每次每千克体重 2~4mg，每天 2~3 次，或地塞米松，每日每千克体重 0.3~0.5mg，每天 2~3 次。

(7) 合理使用抗生素：

①抗生素使用原则：经验性用药应考虑细菌性肺炎、支原体肺炎、衣原体肺炎；诊断病毒感染性肺炎不宜早期应用抗生素；根据不同细菌种类和药敏试验选择抗生素；选择抗菌药物要考虑药物抗菌作用、抗菌谱、药物代谢动力学、细菌耐药性、药物不良反应和药物的价格等多种因素；应根据病畜生理特点和病理变化来调整用药。

②几种不同情况的抗生素使用：肺炎早期以革兰阳性细菌多见，选择药物时应以青霉素类及第 1 代头孢菌素为主；重症者应从静脉给予两种抗生素。选用的抗生素至少应覆盖肺炎链球菌和流感嗜血杆菌，病情严重者还应覆盖金黄色葡萄球菌。治疗细菌感染无效时应在 3d 左右及时调整抗生素的种类，治疗时间一般 7~14d，出现并发症者应根据病情延长治疗

时间。

抗生素的选择分为时间依赖性抗生素和浓度依赖性抗生素。青霉素类及头孢菌素均为时间依从性药物，多数药物的半衰期时间短，MIC 相对时间短，应 6～8h 用药一次，有利于药物产生最好的疗效及防止细菌耐药菌的产生。应用青霉素类及头孢菌素类时将计算的剂量加入 30～50mL 生理盐水中静脉滴注。

③病原菌已明确时的抗生素选择：

a. 肺炎链球菌：青霉素敏感者首选青霉素 G 或羟氨苄青霉素；青霉素低度耐药者仍可首选青霉素 G，但剂量要加大，也可选用第 1 代或第 2 代头孢菌素，备选头孢曲松、头孢噻肟或万古霉素，青霉素高度耐药或存在危险因素者首选万古霉素、头孢曲松或头孢噻肟。

b. 流感嗜血杆菌：首选羟氨苄青霉素＋克拉维酸或氨苄青霉素＋舒巴坦，备选第 2 代、第 3 代头孢菌素或大环内酯类（罗红霉素、阿奇霉素、克拉霉素）。

c. 葡萄球菌：首选苯唑青霉素或氯唑青霉素、万古霉素或联用利福平，备选第 1 代、第 2 代头孢菌素。

d. 卡他莫拉菌：首选羟氨苄青霉素＋克拉维酸，备选第 2 代或第 3 代头孢菌素或新大环内酯类。

e. 肠杆菌科（大肠埃希菌、克雷伯菌、变形杆菌等）：首选头孢曲松或头孢噻肟；单用或联用丁胺卡那霉素；备选替卡西林＋克拉维酸，或氨曲南、美洛培南、第 4 代头孢菌素（如头孢吡肟等）、庆大霉素。

f. 铜绿假单胞菌：首选替卡西林＋克拉维酸，或哌拉西林＋他唑巴坦，或美洛西林、头孢他啶，或头孢哌酮＋舒巴坦，或头孢吡肟；单用或联用氨基糖苷类抗生素（丁胺卡那霉素或庆大霉素）；备选为氨基糖苷类联用氨曲南或亚胺培南。

g. B 族链球菌：首选青霉素 G、羟氨苄青霉素或氨苄青霉素，青霉素剂量要加大。

h. 厌氧菌：首选青霉素 G，联用克林霉素或甲硝唑，或羟氨苄青霉素＋克拉维酸，或氨苄青霉素＋舒巴坦。

i. 单核细胞增多性李斯特菌：首选羟氨苄青霉素或氨苄青霉素。

j. 嗜肺军团菌：首选红霉素、新一代大环内酯类，病情严重者可以联用利福平。

k. 百日咳杆菌、支原体或衣原体：选用大环内酯类抗生素。

l. 真菌：首选氟康唑、伊曲康唑。

(8) 并发症治疗：

①心力衰竭：a. 急性心衰时，应用西地兰，每千克体重 0.02～0.04mg，缓慢静脉注射，首剂给予饱和量的 1/2，余量分 2 次，间隔 4～8h 给予，末次给药后 12h 开始用维持量，剂量为饱和量的 1/5～1/4，密切注意病情变化，心衰得到控制后停用。b. 利尿剂常与强心剂合用，注意排钾利尿剂引起钾丢失。c. 低钙幼畜宜早期补钙，注意钙剂与强心剂的协同作用。d. 血管活性药物中常用酚妥拉明，每次每千克体重 0.01～0.02mg，静脉滴注，必要时 1～8h 重复使用。

②中毒性脑病：a. 脱水治疗，包括使用渗透性脱水剂、利尿剂、激素及适当限制入水量。甘露醇，每次每千克体重 0.25～0.5g，每 6h 一次，病情缓解后，逐渐减量及延长用药时间至停用。严重者加用利尿剂，速尿，每千克体重 0.5～1mg，严重者与甘露醇合用。可

用地塞米松，每千克体重 0.25mg，静脉注射，每 6～8h 一次。b. 其他疗法包括扩张血管药物（654-2）的应用、止痉、改善通气及促进脑细胞恢复。

③中毒性肠麻痹：a. 胃肠减压及肛管排气。b. 酚妥拉明，每次每千克体重 0.01～0.02mg，静脉滴注，1～8h 重复使用。c. 止血用去甲肾上腺素 8mg 加入生理盐水 100mL，口服；或用凝血酶 2 000IU 加入生理盐水 20mL，口服。d. H_2 受体阻滞剂，用雷尼替丁或法莫地丁。

【注意事项】

（1）犬的大叶性肺炎可能是由高热和病原微生物侵害造成肺部抵抗力下降而引起。

（2）本病的发生条件是致病菌通过血源、气源、淋巴源侵害肺部。侵入肺部的微生物，开始于深部组织，一般位于心叶及间叶，并沿淋巴途径侵入支气管周围及肺部间隙，同时引起间质发炎。肺部溶解的细菌释放出内毒素，毒素及炎症产物被吸收后，引起机体的全身性反应。

（3）本病根据临床症状不难诊断，必要时可用 X 线检查。

（4）治疗本病采用综合措施效果较好，中药治疗并且有利于提高机体免疫力，抗炎、抗病毒和脱敏作用。

（5）对于呼吸困难且经济价值较高的病畜（如犬），可以考虑输氧，给予吸氧或静脉注射 3% 过氧化钠溶液与生理盐水的等量混合液。

（6）本病应与胸膜炎相鉴别。胸膜炎热型不定，听诊有胸膜摩擦音。当有大量渗出液时，叩诊呈水平浊音，听诊呼吸音和心音均减弱，胸腔穿刺有大量液体流出。传染性胸膜肺炎有高度传染性。

【思考题】

（1）比较小叶性肺炎、大叶性肺炎和异物性肺炎的 X 线片影像学特征。

（2）为什么肺炎的抗生素治疗在退烧后，应当继续使用 3～5d？

（3）兽医临床上发生的异物性肺炎可能与临床兽医有关，为什么？

实验十二　奶牛酮病

奶牛酮病（ketosis，ketoacidosis）又称酮血症（ketonemia）、酮尿病，是糖类和脂肪代谢紊乱所引起的一种全身功能失调的疾病。本病的特征是酮血、酮尿、酮乳，出现低血糖、消化机能紊乱，乳产量下降，间有神经症状。多发于产后第 1 个月内，各胎次的牛均可发病，以 3～6 胎发病最多，大多出现于泌乳开始增加的第 3 周内，2 个月后发病极少。冬、夏两季多于春秋，高产牛发病多于低产牛。

肝脏中，脂肪酸经 β 氧化作用生成乙酰辅酶 A，两分子乙酰辅酶 A 可再缩合成乙酰乙酸；乙酰乙酸可脱羧生成丙酮，也可还原生成 β-羟丁酸。乙酰乙酸、β-羟丁酸和丙酮，总称为酮体。酮体为机体代谢的中间产物，在正常情况下，其产量甚微。当摄入高脂肪饲料或糖类代谢紊乱时，血中酮体含量增高，乳和尿中也能出现酮体。

【实验目的】

（1）了解奶牛酮病的发病原因。

(2) 熟悉奶牛酮病的症状特点。
(3) 掌握奶牛酮病的诊断方法。
(4) 掌握奶牛酮病的实验室检验项目及其检验要点。
(5) 掌握奶牛酮病的治疗原则及方法。
(6) 了解奶牛酮病的预防措施。

【实验准备】

1. 实验动物 临床或亚临床酮病奶牛。

2. 实验器具 听诊器、诊器、注射器、体温计、套管针、胃管、蒸馏装置、烧杯、白瓷反应板。

3. 试剂药品 葡萄糖、生理盐水、胰岛素、丙酸钠等药品。亚硝基铁氰化钠、无水碳酸钠、硫酸铵、氢氧化钠水溶液、冰醋酸、浓氨水等检测试剂。

用于检测 β-羟丁酸、葡萄糖、游离脂肪酸、血钙、血清丙氨酸氨基转移酶、血清天冬氨酸氨基转移酶等指标的试剂。

【实验内容】

（一）病史调查

1. 主诉 奶产量下降，食欲轻度减少，进行性消瘦，排泄物、呼出气、乳汁或尿液有异味（烂苹果味），精神异常。

2. 饲养管理情况 高产奶牛多见，饲料组分调查。

（二）现症检查

奶产量下降、食欲轻度减少、进行性消瘦是轻型酮病的特点，可分为以下三型：

1. 消化型 特点是体温正常或略低，呼吸浅表（酸中毒），心音亢进，呼出气体和尿液、乳汁有刺鼻的酮臭味。精神沉郁，迅速明显消瘦，步态蹒跚无力；初期吃些干草或青草，最后食欲、反刍废绝，前胃弛缓。初便秘，后多数排出恶臭的稀粪。肝脏叩诊浊音界扩大，且敏感疼痛。泌乳急剧下降。

2. 神经型 特点是除消化型症状外，还有兴奋不安、吼叫、空嚼和频繁地转动舌头，无目的的转圈和异常步态，头顶墙或食槽、柱子，部分牛的视力丧失，感觉过敏，躯体肌肉和眼球震颤等神经症状，有的兴奋和沉郁交替发作。

3. 瘫痪型（麻痹型） 许多症候与生产瘫痪相似，且出现以上酮病的一些主要症状，如与生产瘫痪同时发生，用钙剂疗效不佳。

（三）诊断

本病大多发生在产后大量泌乳期，消瘦、奶产量显著减少、缺乏食欲、前胃弛缓及神经症状，肝叩诊区扩大，配合尿、乳、呼出气体有酮臭味，即可初步诊断。确诊及对于亚临床酮病，可进行实验室检验。应注意和生产瘫痪、创伤性网胃腹膜心包炎、消化不良、子宫炎、皱胃变位等区别。

血糖含量下降、血酮含量升高、血浆游离性脂肪酸含量上升。采用了 β-羟丁酸（BHBA）检测方法评价泌乳牛和干奶牛的能量平衡。亚临床酮病的诊断指标以血液 BHBA 定量最为可靠,其含量超过1.75mmoL/L(10mg/dL)即表明饲料中能量严重不足;而尿液BHBA变动大,测定结果易出现假阳性;乳汁酮体变动较小,测定结果可靠,但敏感性差。

(四)治疗

酮病的治疗原则是补充糖和糖源性物质、激素疗法、缓解酸中毒,配合对症治疗。根据诊断及对本次发病的病因分析,选择适宜的治疗方案和恰当的药物。

(五)预防

根据具体病例情况有针对性地提出预防措施。

参考:怀孕母牛不宜过肥,尤其干奶期多发胎次的牛酮情减少精料,产前要调整好消化机能,如产前3~4周逐渐添加精料,以便使母牛产犊后能很好适应产奶量加料,但精料中蛋白质不宜过高,一般不得超过16%。不喂发霉、变质、低劣的干草和品质不良的青贮饲料,不要突然改变饲料,饲料中应含足够的维生素、微量元素。

【思考题】
(1) 奶牛酮病是如何发生、发展的?
(2) 奶牛酮病的临床特点是什么?
(3) 奶牛亚临床酮病实验室检验包括哪些项目?如何进行?
(4) 奶牛酮病的治疗原则是什么?

实验十三 尿道结石

尿道结石(urethro-stone)又称尿结石或尿石症(urolithasis),是指尿路中盐类结晶凝结成大小不一、数量不等的凝结物,刺激尿路黏膜导致频繁排尿,引起出血性炎症(血尿)和泌尿道阻塞性疾病。临床上以腹痛、排尿障碍和血尿为特征。本病各种动物均可发生,主要发生于公畜。常见于阉割的公畜、犬、猫。尿石最常阻塞部位为阴茎乙状弯曲后部和阴茎尿道开口处。

一般认为尿石形成的起始部位是在肾小管和肾盂。多是由于不科学的饲喂,致使动物体内营养物质尤其是矿物质代谢紊乱,继而使尿液中析出的盐类结晶,并以脱落的上皮细胞等为核心,凝结成大小不均、数量不等的矿物质的凝结物。有的尿石呈沙粒状或粉末状,阻塞于尿路的各个部位,中兽医称之为"沙石淋"。

【实验目的】
(1) 掌握动物尿道结石的临床检查程序和诊断要点。
(2) 掌握动物尿道结石的治疗原则和预防措施。
(3) 了解尿石的主要成分。
(4) 熟悉尿道结石的影像技术和尿道结石与尿道炎症、尿道赘生物的鉴别诊断,从而达到基本掌握动物尿道结石的诊断和治疗的目的。

【实验准备】
1. 实验动物 选定尿道结石的患病动物。采集动物尿石的病料。
2. 实验器具 X线诊断仪，B超诊断仪，CT机，膀胱镜，显微镜，暗室设备，金属或软塑尿道探管，位于不同尿道部位的结石的X线照片，临床诊断与治疗器械和设备等。
【实验内容】

（一）病史调查

首先要进行尿道结石患病动物的病史调查，其调查要点包括以下几方面：

1. 动物种类、性别、年龄、品种和患病动物的地域来源 尿石症患病动物中，有地域、种间和性别差异。一般来说，饲料中有些矿物质含量多的地区患病动物偏高，雄性动物的患病率多于雌性，老龄犬患病率较高。

2. 饲养管理情况

（1）动物生长环境和卫生条件：土壤、饮水和饲料中矿物质含量不平衡及工矿污染严重的地区易诱发动物尿石症。大量使用磺胺类药物可促进尿石形成。

（2）饲料的种类、质量、数量、饲喂方法和制度：长期饲喂缺乏维生素A的饲料、高钙低磷或高磷低钙饲料、含硅酸盐多的饲料，长期使用产生盐类结晶的高磷麸皮、玉米和使尿中黏蛋白增高的饲料，容易诱发尿石症。

（3）饮水状况：饮水不足或缺水是动物尿石症诱发的重要原因。由于长期饮水不足，血浓缩，盐类浓度高，能促进尿石形成。同时碱性尿也易导致尿石形成。

3. 尿道感染病史 肾脏及尿道感染，尿道炎性产物多，形成尿石症的核心物质多，尿石症容易形成，例如肾炎时，磷酸胺镁易形成尿石。

4. 营养代谢疾病 某些营养代谢疾病可以导致尿石症，主要是该病影响动物对营养物质的吸收和代谢，即使饲料成分合理，也能引起此病。

（二）临床特征及诊断要点

1. 临床特征

（1）尿痛：疼痛可由于结石对尿道黏膜的刺激引起。表现为腹部疼痛，亦可为明显或剧烈的疼痛。活动后疼痛的症状加重，改变体位后可使疼痛缓解。常伴有尿频、尿急、尿痛的症状，排尿终末时疼痛加剧。

（2）排尿障碍：尿道结石可出现明显的排尿困难，尤其是肾结石和后部尿路结石，并有典型的排尿中断现象，还可引起急性尿潴留。

（3）血尿：大多为终末血尿。膀胱结石合并感染时，可出现膀胱刺激症状和脓尿。

（4）运动状态：动物尿石症，一般会出现运步强拘、运动紧张。

2. 诊断要点

（1）精神状态、体温、脉搏、血压检查。

（2）呼吸系统检查：包括呼吸次数、呼吸困难、病理性呼吸音响改变等。

（3）循环系统检查：包括心跳速率、节律、强度和心杂音检查。

（4）运步及驻立姿势检查：尿石症动物，一般出现腰背僵硬、运步紧张、弓背摇尾，有频频排尿的姿势，后肢向前运动时迟缓。

(5) 肾区检查：对大动物，可在腰背部实施强行加压或重拳捶击，也可由腰椎横突下侧方进行切入触诊；对中、小动物可以直接用双手在腰背部做按压，观察动物敏感情况，有无疼痛反应。

(6) 排尿动作检查：动物一般表现为尿频、尿急，有少尿、无尿或有无闭尿。动物还表现为频繁排尿姿势，但无尿液排出或尿液呈细流状或滴状排出，排尿时发出呻吟、弓背、努责等排尿困难和排尿疼痛症状。

(7) 尿液感官检查：多数尿石症患病动物，尿液呈红色尿液，混合感染时尿液及尿液气味变浓，尿量发生改变。

(8) 尿道检查：主要对雄性动物，包皮长毛上有少量细沙；外部触诊有波动感，内有积尿，动物表现有疼痛感，尿道探诊手感有阻塞物，动物出现疼痛反应。

(9) 直肠检查：对大动物，可以进行直肠内触诊。结石一般形成于肾脏，下移至膀胱和尿道，但常阻塞在输尿管和尿道的一些生理狭窄处。常见的阻塞部位为肾盂输尿管连接处及输尿管膀胱连接处。

由于尿道阻塞部位公牛多发生在乙状弯曲或会阴部，公马常发生在尿道的骨盆中部，因此该部位要仔细检查。进行直肠检查时，尤其要注意检查肾脏有无肿胀、增大，有无波动感、敏感性变化等。检查肾盂及输尿管时，应注意检查肾脏有无积液，输尿管有无扩张，有无阻塞物。检查膀胱时，要注意有无尿液潴留和压痛，能否触及结石，有无膀胱破裂。小动物可以进行直肠指诊。

(10) 腹腔穿刺：当有腹腔积液时，应进行腹腔穿刺，检查穿刺液的性状。

3. 鉴别诊断 尿道结石可形成急性尿路梗阻，临床表现较为典型，其诊断并不困难，但是原发性尿道结石往往与某些疾病容易混淆。要注意与下列疾病进行鉴别。

(1) 尿道狭窄：主要症状为：排尿困难，尿流变细、无力、中断或尿液淋漓，并发感染时亦可有尿频、尿急、尿痛及尿道分泌物。某些外伤性尿道狭窄亦可能触及尿道阻塞物。

尿道狭窄往往无肾痛史及尿沙石史，而有其原发病因，如损伤性炎症，其排尿困难为非突发性；导尿管探诊可于狭窄部位受阻；X线检查无结石阴影，尿道造影可显示狭窄段。

(2) 非特异性尿道炎：可有尿痛、尿频、尿急及尿道分泌物。慢性非特异尿道炎可并发尿道狭窄而出现排尿困难，但非特异性尿道炎无肾痛或尿沙石史，无急性排尿困难，尿道诊触不能触及阻塞物，X线检查无结石阴影。

(3) 尿道损伤：尿道损伤可有尿道外口出血，尿道内疼痛及排尿困难、尿潴留，并发感染时有尿道分泌物。尿道损伤一般有明确的损伤史，常伴尿外渗，局部皮肤肿胀，皮下瘀血，插导尿管不易插入膀胱，并可由导尿管引出数滴鲜血，X线检查可见骨盆骨折等征象，无结石阴影。

(4) 尿道痉挛：由于尿道括约肌痉挛，可有尿道疼痛和排尿困难等症状，往往由局部刺激等因素引起。尿道痉挛无尿沙石史及尿频、尿急等症状，不能触及尿道阻塞物，X线检查无异常，用镇静剂后症状可缓解。

(5) 尿道异物：尿道内异物引起尿道阻塞时可出现排尿困难，甚至尿潴留，异物刺激或继发感染时可有尿频、尿急、尿痛及血尿。但有其病因可寻，X线检查可见尿道内充盈，尿道镜检查可见异物。泌尿道结石的主要诊断手段是X线摄片。一张质量高的尿路X线片能确定结石的大小、形态、大体位置和数目。排泄性尿道造影可进一步明确结石的部位、两肾功能和肾盂的形态。

(三) 实验室检验

1. 尿液检查 主要检查以下几项：

(1) 尿沉渣细胞学：是尿沉渣检查的内容之一。尿沉渣检查是指用显微镜对离心后尿液的沉渣物，即尿中有形成分进行检查。生理或病理的尿沉渣物中，有形成分主要有红细胞、白细胞、肾小管上皮细胞、各种管型、结晶、细菌和寄生虫、肿瘤细胞。尿沉渣检查与尿液一般性状检查、化学检查可互为补充和参照。

(2) 尿沉渣管型：是尿沉渣检查的内容之一。管型是蛋白质在肾小管内凝聚而成的，尿内出现管型一般是肾实质病变的证据，在其形成的过程中，若含有细胞，则为细胞管型；如含有退行性细胞碎屑，即为颗粒管型；若含有脂肪滴，则为脂肪管型。

(3) 尿沉渣结晶：是尿沉渣检查的内容之一。尿中结晶与尿液酸碱度有一定关系。尿液结晶有多种，常见的有草酸钙结晶、无定型尿酸盐结晶、尿酸结晶、磷酸胺结晶、磺胺结晶等。尿液中的结晶可分为代谢性和病理性两类，代谢性结晶多来自摄食，一般无大的意义，持续大量出现可能提示与结石相关。病理性结晶则与疾病有关。

(4) 尿液酸碱反应测定：有指示剂法、pH 试纸法及 pH 计测定法，以 pH 试纸法较常用。

(5) 尿潜血检验：有联苯胺法及改良联苯胺法。

(6) 尿蛋白检验：方法较多，有试纸法、硝酸法、加热醋酸法及磺基水杨酸法等。

(7) 尿液细菌培养：对分离细菌进行病原性鉴定及药敏实验。

2. 肾功能测定 包括尿浓缩实验、血液尿素氮测定、血清肌酐测定、肾脏排泄燃料实验，有必要及有条件时可以进行。

3. 血清钙、磷及尿中钙、尿酸测定 必要时可进行。

4. 影像诊断

(1) 泌尿系统平片：绝大多数结石能在平片中发现，但应作正侧位摄片，以排除腹内其他钙化阴影，如胆囊结石、肠系膜淋巴结钙化、静脉石等。结石过小或钙化程度不高以及相对纯的尿酸结石或基质结石，平片不显示。

(2) 尿道造影：可以显示结石所导致的肾脏结构和功能的改变以及有无引起结石的局部因素。

(3) B超检查：结石可以呈现为特殊的声影，可以显示平片不能显示的小结石以及透 X 线结石，同时也可以显示肾脏改变和深积液等。对于慢性肾脏衰竭等不适宜作尿路造影的病例，可作为诊断和选择治疗方法的手段。

(4) 平扫 CT：显示结果更加清晰明了，优于以上几种影像方法，但仪器昂贵，有实验条件的可以做。

5. 输尿管镜及膀胱镜检查 可以确定结石部位、大小、数目、形态等，对治疗和预防也有一定意义，有条件可以进行。

6. 尿石成分分析 从患病动物中收集到的尿石，可以进行结石的化学成分分析，以确定尿石的性质。

(四) 治疗

1. 治疗原则 加强护理，消除结石，控制感染，对症治疗，供给大量饮水和流体饲料，必要时投予利尿剂，调整钙饲料磷比例。

2. 药物治疗 主要是缓解疼痛，可用阿托品、氯丙嗪等缓解痉挛；中药排石汤，以利水消石，对不完全尿道阻塞有一定治疗效果。

3. 水冲洗法 主要用于膀胱和尿道结石。将导尿管消毒，先向尿道注入少量灭菌液体石蜡，然后注入消毒液，反复冲洗，如果结石成分为磷酸盐，可用稀盐酸冲洗。

4. 手术治疗 主要适用于结石大于1cm，结石位置有向下移动倾向、肾功能无明显影响、无尿路感染的完全尿道阻塞的患病动物，通过手术切开直接将石头取出，是以往外科常用的方法，也是最直接的治疗方法。

(五) 预防

1. 改变尿石形成环境 根据分析，尿石以磷酸盐和草酸钙为最多，约占80%，有个别地区，尿酸盐结石也不少，这些结石多在酸性尿液环境中形成。磷酸钙结石则在碱性尿液环境中形成。所以，根据分析结石成分，确定其性质，从而有意识地改变尿液的酸碱环境，对于预防结石的形成及在治疗结石病中均有着重要意义。

2. 注意饲料成分 对于草酸盐结石患病动物，为了预防结石发生，应避免饲喂含草酸较高的饲料；如果是尿酸盐结石的患病动物，应注意尽量少饲喂含尿酸较高的饲料；患磷酸钙结石的患病动物，少饲喂含钙较多的饲料。

3. 自由饮水 多饮水可增加尿量，稀释尿中的结晶，使其容易排出体外。同时，即使已形成的细小结石，也可及早把它从尿中冲刷出去。如果当地的水源含钙量较高的话，更应该注意先经软化后再饮用。

4. 预防泌尿系统感染 泌尿系统感染是尿石形成的主要局部因素，并直接关系到尿石症的治疗效果。由变形杆菌、葡萄球菌和链球菌造成的尿路感染最易诱发结石，这些细菌能将尿素分解为氨，使尿变为碱性，因而尿酸盐易于沉淀而形成结石。同时细菌及其引起的脓块、坏死组织也可作为结石的核心而慢慢形成结石。

【注意事项】

根据动物尿石症的发生、发展、形成原理，不同部位的尿结石的临床特征有一定的差异。

(1) 肾盂结石：出现血尿，肾区疼痛，运步强拘，运动后有腹痛表现。直肠检查，手感肾脏敏感，有可能在肾盂部位触摸到大小不一的尿石；尿检，尿沉渣中有红细胞、白细胞、尿蛋白、肾小管或肾盂上皮细胞及小沙粒。临床上出现肾盂肾炎的表现。

(2) 输尿管结石：病畜腹痛明显，腹痛严重程度与结石的性质和阻塞程度成正比，当两侧输尿管同时阻塞时，膀胱空虚，病畜无尿；直肠检查，可摸到结石处近肾段的输尿管明显膨大、有波动感，有时可摸到结石。如为单侧输尿管结石时，排尿障碍不明显。临床表现也较轻。

(3) 膀胱结石：患病动物表现尿频、尿痛，有血尿，大多为终末血尿，还出现尿频、排尿障碍；直肠检查，可以触摸到结石；尿沉渣检查，有膀胱上皮细胞、红细胞、白细胞和多种无机盐类结晶。一般根据临床表现，B超、X线检查，必要时作膀胱镜检查，一般可诊断膀胱结石。如无条件作B超、X线及膀胱镜检查，可采取金属尿道管插入膀胱，左右摆动能探测到撞击结石的特殊感觉和声响。

（4）尿道结石：动物尿道结石分为全阻塞与不全阻塞两种，当尿道全阻塞时，临床上出现尿闭、腹痛，有排尿姿势和排尿动作，但无尿液排出；尿道外触诊有少数病例，可直接沿尿道体表处触及，尿道结石也可经直肠触诊触及结石；直肠触诊，膀胱充满。用金属导尿管探查时能感到导管接触结石和结石摩擦音。对不能明确憩室内继发结石及尿道内结石诊断的，可拍摄X线片或行膀胱镜检查。

【思考题】

(1) 如果尿道有结石，但X线检查无显示，或X线检查显示尿道有结石，但动物无临床反应，如何解释？

(2) 治疗动物的尿道结石时，使用抗生素的原则是什么？

(3) 尿道结石是如何形成的？

(4) 尿道结石与尿道炎症之间是否有必然的联系？

(5) 尿道结石的部位与腹痛严重程度的关系是什么？

(6) 如何判断患尿道结石动物的X线平片的变化？

(7) 如何进行尿常规分析？

(8) 如何治疗和预防动物尿道结石？

第三章 动物内科疾病的实验室诊断

实验十四　检验材料的采集和保管

【实验目的】
掌握常用实验室病理组织和生化检验所需检验材料的采集和保存方法。

【实验准备】

1. 实验动物　犬4只，牛1头，成鸡20只。

2. 实验器械　胃管、导尿管、试管、小三角瓶、塑料袋、冰壶，注射用器材，保定用器材等。

3. 实验试剂　肝素、柠檬酸钠、EDTANa_2、NaCl、冰块等。

【实验内容】

（一）血液样品的采集、抗凝和保管

1. 血液样品的采集　从动物身体不同部位采取的血液样品，其血液成分的数值略有差异，例如兔耳静脉血中的白细胞数常比股静脉血中的多。因此，检查血液时，应采取同一部位静脉血管的血液，在报告结果时，应注明采血的部位。常用的采血方法有以下几种。

（1）颈静脉采血法：适用于马、牛、绵羊和山羊。采血时，助手将病畜头部保定，使颈静脉显露。术者在颈静脉沟的中1/3处剪毛、消毒，左手紧压颈静脉的下段，右手持75%乙醇棉球自颈静脉的上端向下端反复涂擦；然后，右手持采血针头，与颈静脉呈垂直方向猛刺进去（常用于牛），也可将针头与颈静脉呈45°角慢慢刺入（常用于马、羊）。待血液涌出后，使血液沿管壁流入试管或其他容器中。

（2）前腔静脉采血法：适用于猪。对小猪可仰卧保定，拉直两前肢与体中线垂直，或使两前肢向后与体中线平行。部位：右侧或左侧胸前窝，即由胸骨柄、胸头肌和胸骨舌骨肌的起始部构成的陷窝。方法：右手持针管，使针头与地面垂直或斜向后内方与地面成60°角刺入胸前窝，一般用16号针头进针2～3cm即可抽出血液。术前、术后均按常规消毒。

对于6个月以上的大猪，可用保定绳环套在鼻盘上方，由助手拉紧或拴在柱子上站立保定。术者持注射器由下向上刺入（部位同上述），直达前腔静脉。

（3）心脏穿刺采血法：适用于禽类或小型实验动物。对于鸡，可右侧卧保定，左胸部向上，在胸骨崤前端至背部下凹处（即胸腰椎间隙）连线的中点，采血针头（10～12号）与地面垂直或稍向前内方刺入2～3cm即可采得心血，成年鸡每周可采血10～20mL。对于家兔、豚鼠等实验动物，在胸部左侧触及心跳最明显的地方直接穿刺就可采得心血。

用以上各法可采取多量的血液样品。如仅需少量的血液样品，可自耳静脉采血。在小猪，可剪去耳尖或尾尖后立即采血。在禽类，可在冠部或翅静脉穿刺采血。

血液样品做一般检验，采取血液前，应事先向集血容器中加入适量的抗凝剂；为了分离血清的血液，可不加抗凝剂，采血后及时处理并分离血清。

2. 血液样品的抗凝　血液检验中，凡用全血或血浆时，均需加入适量的抗凝剂，以防血液凝固。常用的抗凝剂有以下几种。

（1）乙二胺四乙酸二钠（EDTANa$_2$）：配成10％的溶液，此液每2滴可使5mL血液不凝固。取此液2滴，装入小瓶，在室温中蒸发干燥或于50℃（不超过60℃）的条件下烘干备用，或按每毫升血液1～2mg的剂量加入粉剂备用。其优点是抗凝作用强，不改变红细胞的大小，白细胞的着染力强，可防止血小板聚集；血液在室温下保存9h，在冰箱内保存24h对血沉测定无影响。这种抗凝血不能用于钙、钠的测定，其他检验项目均适用。

（2）草酸铵和草酸钾合剂：以草酸铵6.0g，草酸钾4.0g，放入100mL容量瓶中，加蒸馏水溶解后再加蒸馏水至刻度。取此液0.1mL，分装在小瓶中，在50℃烘箱中干燥备用。此量可使5mL血液不凝固。该合剂中草酸铵能使红细胞膨胀，草酸钾能使红细胞皱缩，把二者配合使用，能保持红细胞的大小不发生变化，适用于血液细胞学的检验和红细胞压积的测定等。

（3）草酸钾：配成10％溶液。取0.1mL置小瓶中，在45～60℃烘箱中干燥备用。此量可使5mL血液不凝固。其优点是溶解度大，抗凝作用强。缺点是能使红细胞的体积缩小6％左右，故不适用于红细胞压积的测定。

（4）枸橼酸钠：配成3.8％的溶液。每0.5mL枸橼酸钠溶液可使5mL血液不凝固。其优点是毒性低，可作为输血时的抗凝剂，常用于血沉的测定。缺点是抗凝作用弱，且碱性较强，不适用于血液的生化检验。

（5）肝素：配成1％溶液。取此液0.1mL（含肝素1mg或130IU），置小瓶中，在60℃以下烘干备用，可使5～10mL血液不凝固。肝素是较好的抗凝剂，它不影响血细胞的大小，不改变血液的化学成分，但会抑制某些酶的活性，且抗凝时间短，使白细胞的着色力下降。

3. 血液样品的处理和保管　血液采集后最好尽快处理，除作凝固试验以外的其他检查，可允许放置若干小时。

如欲分离血清（事先不加抗凝剂），采血后将试管斜置在装有25～37℃温水的杯内，牛、羊及猪的血样，应先低速离心数分钟，然后斜置于装有温水的杯内，这样可加快血清的析出，保证血清的质量。

（二）尿液的采集和保管

1. 尿液的采集　通常在家畜排尿时，用清洁容器直接接取。也可用塑料或胶皮制成集尿袋，固定在母畜的外阴部或公畜的阴茎下接取尿液。必要时，也可以人工导尿取样。

采取尿液，均以晨尿为好，因为晨尿较浓缩，对细胞和管型的检出率较高。若做其他代谢物的检查时，采集饲喂后2～3h的尿液为好，因为此时尿液中的糖、蛋白质及尿胆素原等含量较高。

2. 尿液的保管 采尿后应立即进行检查，如不能马上检查或需送检时，应放在冰箱内或加入防腐剂保存，以防发酵分解。但做细菌学检查的尿，不可加入防腐剂。常用的防腐剂如下：

（1）甲苯：每100mL尿液中加入0.5～1.0mL，使其在尿液的表面形成薄膜，可防止细菌生长，检验时吸取下层尿液。

（2）硼酸：每100mL尿液加入0.25g，或按尿量的1/400加入。

（3）樟脑粉：每100mL尿液中加入微量。

（4）麝香草酚：每100mL尿液中加入0.1g，防腐效果良好，但可引起蛋白质试验的假阳性反应。

（5）甲醛：每100mL尿液中加入0.2～0.5mg。甲醛能凝固蛋白质，故可抑制细菌生长，对细胞和管型有固定作用，是尿液有形成分的良好保存剂，但不宜用作蛋白质和葡萄糖的检验。

（三）胃液和瘤胃内容物的采集

抽取胃液的器具，可用普通胃管加以改制即可使用。在胃管头端40cm长的一段，用3～4mm粗的烧红的铁丝钻孔，一般钻10～15个即可。另准备一台电动吸引器或手摇式、脚踏式吸引器。

按常规方法将胃管送入胃内，胃管的末端接在吸引器的负压瓶上，开动电动机，当负压瓶中的负压达到一定高度时，胃液即可流出。

采取胃液前，被检家畜应停食12h，一般多在清晨饲喂之前采取。临诊上常用一次采取法，即在动物绝食后仅采集一次；必要时可分次采取，即每隔20min采取一次，共采6次。各次所采样品，分别进行检验，借以了解胃的分泌机能。

马、骡、驴及猪，可按上法采取胃液。

牛、羊瘤胃内容物的采取通常在反刍时，观察食团从食道逆入口腔时，一手迅速抓住舌头，另一手伸入舌根部即可获得少量的瘤胃内容物。也可从鼻孔或口腔送入胃管，直到瘤胃背囊，然后利用负压和虹吸作用抽取瘤胃液。还可在左肷部用较粗的针头穿刺瘤胃，连接注射器吸取胃内容物。具体方法及注意事项可参见第一章实验五和第二章实验八中相关内容。

（四）脑脊液的采集

脑脊髓液的采集多用于马、牛等大家畜。采集时最好使用特制的专用穿刺针；否则也可用长的封闭针头，将其针头稍稍磨钝，并配上合适的针芯（详细方法参见第一章实验五）。

采集前，术部及一切用具要按常规进行严格消毒。

【思考题】

（1）如何确定所采集样品的量？

（2）采集血液样品应注意哪些事项？

（3）尿液样品的保管应注意什么？

（4）瘤胃液的采集方法有哪些？

（5）检验样品的采集、运送和保管的一般要求有哪些？

实验十五　酮体测定

酮体（ketone bodies）是乙酰乙酸、β-羟丁酸和丙酮的总称，三者是体内脂肪代谢的中间产物。当体内糖分解代谢不足时，脂肪分解活跃，但氧化不完全可产生大量酮体。酮体生成过多可引发动物产生酮病。根据有无明显的临诊症状可将酮病分为临床酮病和亚临床酮病，临床酮病和亚临床酮病可以根据血清、尿液或乳汁中酮体定量分析确诊。酮体的监测能有效反映动物发生酮病的程度，对于酮病的早期诊断、病情评估及治疗监测具有重要意义。

【实验目的】 掌握血液、尿液或乳汁中酮体的定性、定量测定方法及其临床意义。

【实验准备】

1. 实验动物 初步诊断为酮病的动物或人工复制病例。

2. 检样采集及处理 使用 5mL 真空采血管于颈静脉采集血样，立即放入冰盒内，在室温中静置 30min，3 500r/min 离心 20min，收集血清在 -20℃ 保存待测。清晨于饲喂前用玻璃试管采集新鲜尿液，放入冰盒保存待检；同时于挤奶前采集新鲜乳汁（前两滴弃去），置于 5mL 离心管中，放入冰盒保存待检。

【实验内容】

（一）酮体的定性检测

酮体的检测实际上是测定丙酮和乙酰乙酸的含量。常用的检测方法是朗格（Lange）法、酮粉法和试纸条法。

1. Lange 法

（1）原理：酮体中的丙酮和乙酰乙酸在碱性溶液中与亚硝基铁氰化钠作用，产生紫红色的亚铁五氰化铁，这种产物在醋酸溶液内不但不褪色，反而颜色会加深，根据颜色深浅不同，可估计酮体的大约含量。

（2）试剂：5%亚硝基铁氰化钠溶液（取 0.5g 亚硝基铁氰化钠加入蒸馏水补至 10mL，摇晃溶解，此液应新鲜配制，储于棕色瓶中可保存 1 周），10%氢氧化钠溶液（取 1g 氢氧化钠，加入蒸馏水补至 10mL，混匀，备用），20%醋酸液（取 2mL 冰醋酸加入蒸馏水补至 10mL，混匀）。

（3）检测：取试管 1 支，先加待检血清、新鲜尿液或乳液 5mL，随即加入 5%亚硝基铁氰化钠溶液和 10%氢氧化钠溶液各 0.5mL（约 10 滴），颠倒混匀，再加 20%醋酸 1mL（约 20 滴），再颠倒混匀，血清呈现红色者为阳性，加入 20%醋酸后红色又消失者为阴性（原来的红色是肌酐产生的类似物质，被醋酸所抑制）。

（4）判定方法：试管内溶液呈现红色或紫红色的为阳性反应，根据颜色的不同，可估计酮体的大约含量，并以"＋"表示，其判定标准见表 3-1。

表 3-1　样品中酮体大约含量

反应	符号	酮体的大约含量
浅红色	+	0.52～0.86mol/L（30～50mg/L）
红色	++	1.72～2.59mmol/L（100～150mg/L）
深红色	+++	3.45～5.17mmol/L（200～300mg/L）
黑红色	++++	6.9～10.34mmol/L（400～600mg/L）

2. Ross 法

(1) 原理：同 Lange 法。

(2) 试剂：硫酸铵 100g、亚硝基铁氰化钠 1g，分别研末，于棕色瓶振荡混合，配制成 A 试剂。28%浓氨水制成 B 试剂。

(3) 检测：取被检样品（乳或尿）5mL，加 A 试剂 1g，振荡溶解，沿管壁加 B 试剂 1mL，重积于被检样品（乳或尿）上，静置，观察结果。

(4) 判定方法：若在两液面交界处出现淡红色环轮即为阳性，根据颜色的不同，可估计酮体的大约含量，并以"+"表示，可分为：

无明显改变者（-）：酮体含量低于 0.86mmol/L（50mg/L）。

微红色者（+）：酮体含量为 0.86～1.67mmol/L（50～100mg/L）。

淡红色者（++）：酮体含量为 2.59～3.45mmol/L（150～200mg/L）。

红色者（+++）：酮体含量为 4.45～5.17mmol/L（250～300mg/L）。

深红色者（++++）：酮体含量为 6.03～6.90mmol/L（350～400mg/L）。

3. Rothera 改良法（酮粉法）

(1) 原理：亚硝基铁氢化钠 $[Na_2Fe(NO)(CN)_5 \cdot 2H_2O]$ 溶于血清中时，可分解为 $Na_4Fe(CN)_6$、$NaNO_2$、$Fe(OH)_3$ 和 $[Fe(CN)_5]^{3-}$。当血清中存在可检出量的酮体（丙酮、乙酰乙酸）时，碱性条件下即与试剂作用生成异硝基（HOON==）或异硝基胺（NH_2OON==），再与 $[Fe(CN)_5]^{3-}$ 生成紫红色化合物。

(2) 试剂及器具：称取亚硝基铁氰化钠粉末 10g，硫酸铵和无水碳酸钠各 20g，研磨混合匀，置棕色瓶密封备用。白色瓷凹面皿、研钵。

(3) 检测：取上述试剂约 1g 放在白色瓷凹面皿（或载玻片、白瓷反应板或滤纸）上，加 2～3 滴血清，混合。在数分钟内出现不褪色的紫红色为阳性。

(4) 判定方法：酮体含量与试验色泽反应的深、浅成正比。呈现紫色的判为阳性，根据颜色不同，可估计酮体的大约含量，并以"+"表示，可分为：

无明显改变者（-）：含酮体 0.86mmol/L（50mg/L）以下。

轻度紫色者（+）：含酮体 1.72～2.59mmol/L（100～150mg/L）。

呈现淡紫色者（++）：含酮体 2.59～3.45mmol/L（150～200mg/L）。

呈现紫色者（+++）：含酮体 3.45～6.9mmol/L（200～400mg/L）。

呈现深紫色者（++++）：含酮体 6.9mmol/L（400mg/L 以上）。

通过 Rothera 法还可检测尿和乳中的酮体。在白色瓷片或纸板上放置少量 Rothera 试剂（含亚硝基铁氰化钠 3g，无水碳酸钠 50g，硫酸铵 100g），滴加 2～3 滴尿液或乳样，如出现粉红色到紫色,证实含有酮体,在1~3min内判读结果。正常的尿中也含有少量酮体,因此只有乳酮阳性时才能判定为酮病。

4. 试纸条法 该法可用于临床型酮病检测,亦可用于亚临床型酮病检测。

(1) 器具:商品酮体检测试纸条(单联或多联)、标准色板。

(2) 检测:用手拿试纸末端的塑料部分,将试纸条测试区浸入血清或尿样中,30s后取出,在容器的边缘将试纸条上多余的尿液清除掉,将试纸条测试区与瓶子标签上的比色区相对照,或与标准色板比较判定结果,根据颜色变化的深浅可推断酮体含量的多少。

(3) 判定方法:分析试纸条的比色卡或标准色板,分6个色阶,阴性、微量(50mg/L,0.86mmol/L)、小(150mg/L,2.59mmol/L)、中等(400mg/L,6.9mmol/L)、大(800mg/L,13.79mmol/L)、较大(1 600mg/L,27.59mmol/L),一般以>150mg/L为诊断标准。

注意:如果反应很快出现紫红色,可能是样品中酮体含量太高,可将被样品用蒸馏水作1∶1、1∶2、1∶3等倍数稀释,再进行测定。

(二) 酮体的定量检测

1. 水杨醛法

(1) 原理:酮体中的乙酰乙酸和β-羟丁酸氧化水解后生成丙酮,丙酮在强碱溶液中与水杨醛生成一种显色的1,5-双(2-羟苯基)-3,4-戊二烯酮产物,其颜色深度与丙酮含量成正比,可用光电比色法和分光光度法测定。

(2) 试剂:饱和氢氧化钾溶液(氢氧化钾100g溶于蒸馏水600mL中,此液应在1周前配制,以使所含碳酸盐沉淀出来),10%三氯醋酸溶液,2%水杨醛乙醇溶液〔水杨醛(分析纯)2mL,加95%乙醇至100mL〕。

丙酮标准储存液(1.0mL相当于1.0mg丙酮):取小烧杯一只,加入少许蒸馏水,称其重量,再加1g砝码,滴入丙酮(分析纯)恰至平衡。然后移入量瓶,再加蒸馏水稀释至1 000mL,密闭保存。

丙酮标准应用液(1.0mL相当于0.001mg丙酮):吸取丙酮标准储存液1.0mL于量瓶中,加蒸馏水稀释至1 000mL,现用现配。

(3) 检测:采被检血液2.0mL,加10%三氯醋酸溶液2.0mL,混匀后离心10min,分出无蛋白上清液,再按表3-2进行测定。

表3-2 动物血液丙酮测定步骤(mL)

步骤	测定管	标准管	空白管
无蛋白上清液	2.0		
丙酮标准应用液		1.0	
蒸馏水	1.0	2.0	3.0
10%三氯醋酸溶液	1.0	1.0	1.0
饱和氢氧化钠溶液	2.0	2.0	2.0
2%水杨醛乙醇溶液	1.0	1.0	1.0

将三管同时放在37℃水浴中10min,取出冷却后用530nm或绿色滤光板,以空白管调零,光电比色,读取各管光密度。

(4) 计算：

$$\text{丙酮（mg/L）} = \frac{\text{测定管光密度}}{\text{标准管光密度}} \times 0.01 \times 1\,000$$

(5) 注意事项：乳牛患酮血病时血中丙酮含量较高，应适当减少被检血样量或加大丙酮标准应用液中丙酮含量。水杨醛的批号不同，其空白管的光密度值也不大相同，应每次都作空白管，水杨醛质量不纯时应提纯。此法单测丙酮时，其回收率良好。

2. 改良水杨醛比色法

(1) 原理：同水杨醛法。

(2) 试剂：12% $HClO_4$（取 3.4mL 高氯酸加蒸馏水 16.6mL），0.2% $K_2Cr_2O_7$ 和 3 mol/L H_2SO_4 混合液（先配制 3mol/L H_2SO_4，取 83.33mL 浓硫酸加蒸馏水至 500mL，再取 $K_2Cr_2O_7$ 0.2g，加入 3mol/L H_2SO_4 补至 100mL，混匀），2%水杨醛（取 2mL 水杨醛，加蒸馏水补至 100mL，混匀），5% Na_2SO_3（取亚硫酸钠 1g，加蒸馏水补至 20mL 溶解），6mol/L KOH（取 6g KOH，加蒸馏水补至 20mL 溶解），显色混合液（将 2%水杨醛、5% Na_2SO_3 和 6mol/L KOH 按 2∶1∶1 配成混合液），50% KOH（取 KOH 10g，加蒸馏水补至 20mL 溶解）。

丙酮标准液（40μg/mL）：准确吸取丙酮 1mL，加到 100mL 容量瓶中，加蒸馏水混合、稀释、定容。此时溶液中含丙酮 790μg/mL。吸出此溶液 25.2mL，用蒸馏水稀释至 500mL，丙酮浓度即成 40μg/mL。

(3) 仪器：国产 722 光栅分光光度仪 1 台，汽油喷灯 1 台，手提式高压消毒锅 1 台，10mL 安瓿瓶 1 个。

(4) 检测：取待检血液 0.2mL 加入离心管，加 1.2mL 蒸馏水，振荡混合，加 0.4mL 的 12% $HClO_4$，边加边摇匀，3 000r/min 离心 15min 去蛋白，取上清液 1mL 加 10mL 安瓿瓶里，加 0.2% $K_2Cr_2O_7$ 和 3mol/L H_2SO_4 混合液 0.5mL，用汽油喷灯将安瓿瓶封口，在高压消毒锅内 121.3℃高压消毒 30min，加入显色混合液 2mL 和 2.5mL 的 50%KOH，置于 4℃冰箱中 16~22h，在波长 470nm 处进行比色，空白管调零点，读取测定管光密度读数。

丙酮标准曲线绘制：按 40μg/mL 丙酮标准液配置方式，取 12 个 15mL 的试管，其丙酮浓度分别按 3.125g/mL、6.25g/mL、12.5g/mL、25g/mL、50g/mL、100g/mL、150g/mL、200g/mL、250g/mL、300g/mL、350g/mL 和 400g/mL 浓度配制。

在进行每次测定时，也可有 2~3 个同等浓度的标准管（丙酮标准液），取均值计算样品的酮体含量。当血液中酮体浓度高于 100g/mL（倍比稀释法）时，因反应后颜色较深，依次进行 2、4、6、8、10、12 倍稀释，再进行比色。以光密度值为横坐标，浓度为纵坐标，绘制标准曲线，用于测定血液样品酮体含量。

3. 全血总酮体及 β-羟丁酸测定

(1) 仪器：分光光度计、10mL 螺口具塞刻度试管。

(2) 试剂（分析纯，重蒸水配制）：5%（W/V）$ZnSO_4$，4.5%（W/V）$Ba(OH)_2$，1mmol/L 丙酮标准液（准确称取相对密度为 0.789~0.792 的丙酮 1.0mL，重蒸水定容到 500mL，混匀，此液含丙酮 27.20mmol/L；取此液 1.84mL，重蒸水定容到 50mL），1mmol/L（β-羟丁酸 104mg，重蒸水定容到 1 000mL），9mol/L H_2SO_4，5%（W/V）

$K_2Cr_2O_7$，15%（W/V）Na_2SO_3，0.1%（W/V）酸性2,4-二硝基苯肼溶液（称取2,4-二硝基苯肼100mg，溶于2mol/L HCl中，储存于棕色瓶），2mol/L NaOH溶液。

血滤液制备：用$Ba(OH)_2$-$ZnSO_4$法将全血制成1∶10的去蛋白滤液。

（3）检测：

①总酮体测定：取血滤液3.0mL，置具塞试管中，然后加入9mol/L H_2SO_4 0.4mL和5%（170mmol/L）$K_2Cr_2O_7$ 0.1mL，塞紧，混匀，沸水浴20min，取出冷却；再加入15% Na_2SO_3 0.5mL，混匀后加0.1%酸性2,4-二硝基苯肼溶液2.0mL和CCl_4 2.0mL，塞紧，混匀，37℃保温10min，取出剧烈振荡10min，去上层酸液，用蒸馏水10mL分2次冲洗CCl_4层，去上层水液后，加2mol/L NaOH 4.0mL，塞紧，轻轻振荡3min，取上层碱液，用分光光度计在波长420nm处比色测定。

②β-羟丁酸测定：取血滤液3.0mL置具塞刻度试管中，加入9mol/L H_2SO_4 0.4mL，煮沸5min，冷却，加蒸馏水3.4mL，再加入5%（170mmol/L）$K_2Cr_2O_7$ 0.1mL，塞紧，混匀，然后按测总酮体的方法测定。

乙酰乙酸和丙酮含量等于总酮体含量减去β-羟丁酸含量。

4. 碘仿反应

（1）原理：采用新鲜肝糜与丁酸保温反应，生成的丙酮可用碘仿反应测定。在碱性条件下，丙酮与碘生成碘仿，反应为

$$2NaOH + I_2 \rightleftharpoons NaOI + NaI + H_2O$$
$$CH_3COCH_3 + 3NaOI \rightleftharpoons CHI_3（碘仿）+ CH_3COONa + 2NaOH$$

剩余的碘用硫代硫酸钠滴定，反应为

$$NaOI + NaI + 2HCl \rightleftharpoons I_2 + 2NaCl + H_2O$$
$$I_2 + 2Na_2SO_3 \rightleftharpoons Na_2S_4O_6 + 2NaI$$

根据滴定药品与滴定对照样品所消耗的硫代硫酸钠溶液体积之差，可以计算出由正丁酸氧化生成丙酮的量。

（2）材料：患病动物新鲜肝组织。如为实验室模拟检测酮病，可以采用家兔、大鼠或鸡的新鲜肝组织替代。

（3）试剂：0.1mol/L碘溶液（称取12.7g碘和约25g碘化钾，溶于水中，稀释到100mL，混匀，用标准硫代硫酸钠溶液标定），0.5mol/L正丁酸溶液（取5mL正丁酸，用0.5mol/L NaOH溶液中和至pH为7.6，并稀释至100mL），标准0.04mol/L硫代硫酸钠溶液（称取$NaS_2O_3·5H_2O$ 24.82g和无水Na_2SO_4 400 mg，溶于1 000mL刚煮沸而冷却的蒸馏水中，配成0.2mol/L溶液，用0.1mol/L KIO_3标定），KIO_3溶液［准确称取KIO_3（相对分子质量214.02）3.249g，溶于水后，置于1 000mL容量瓶定容］，0.1%淀粉溶液，0.9%NaCl溶液，10%HCl溶液，10%NaOH溶液，15%二氯乙酸溶液，1/15mol/L磷酸缓冲液（pH7.6）。

吸取0.1mol/L KIO_3 20mL于锥形瓶中，加入1g及112mol/L H_2SO_4溶液5mL，然后用上述0.2mol/L $Na_2S_2O_3$溶液滴定至浅黄色，再加0.1%淀粉溶液3滴作为指示剂，此时溶液呈蓝色，继续滴定至蓝色刚消退为止。计算$Na_2S_2O_3$的准确浓度。临用时，将已标定的$Na_2S_2O_3$溶液稀释成0.04mol/L。

（4）仪器：试管和试管架、小烧杯、剪刀、镊子、锥形瓶（50mL的2支）、漏斗、移

液管（2mL的2支、5mL的5支）、恒温水浴锅、小台秤、5mL微量滴定管、玻璃皿、碘量瓶（2个）、搅拌机。

(5) 检测：

①肝脏匀浆制备：动物安乐死，迅速放血，取肝，用0.9% NaCl溶液洗去污血，用滤纸吸去表面水分，称取5g肝组织置玻璃皿，剪碎，于搅拌机搅碎呈匀浆，再加0.9% NaCl溶液至总体积为10mL。

②酮体的生成：取2个锥形瓶，编号，按表3-3操作。

表3-3 酮体生成测定（Ⅰ）

试剂（mL）	编 号	
	1	2
肝匀浆	—	2.0
预先煮沸肝匀浆	2.0	—
1/15mol/L 磷酸缓冲液（pH7.6）	4.0	4.0
0.5mol/L 正丁酸溶液	2.0	2.0
43℃水浴保温40min		
15%三氯乙酸溶液	3.0	3.0
置5min，过滤，收集滤液于试管中		

③酮体的测定：取碘量瓶2个，根据上述编号，按表3-4顺序操作。

表3-4 酮体生成测定（Ⅱ）

试 剂	编 号	
	1	2
无蛋白滤液	5.0	5.0
0.1mol/L 碘液	3.0	3.0
10% NaOH 溶液	3.0	3.0

摇匀试管，静置10min。各管分别加入10%盐酸溶液2~5mL，进行中和反应（用pH试纸调至中性），然后用0.04mol/L标准硫代硫酸钠溶液滴定剩余的碘，滴至浅黄色时，加入0.1%淀粉溶液作为指示剂。摇匀，并继续滴到蓝色刚好消失。记录滴定各管所用硫代硫酸钠溶液的体积（mL）。

(6) 计算：根据滴定样品与对照所消耗的硫代硫酸钠溶液体积之差，可以由正丁酸氧化成丙酮的量。

$$\text{肝脏生成丙酮的量} = (V_1 - V_2) \times M \times 1/6$$

式中，V_1 为滴定样品1（对照）所消耗的标准硫代硫酸钠溶液的体积（mL）；V_2 为滴定样品2所消耗的标准硫代硫酸钠溶液的体积（mL）；M 为标准硫代硫酸钠溶液的浓度（0.04mol/L）。

(7) 注意事项：碘仿反应中所用匀浆必须新鲜，放置过久则失去氧化脂肪酸能力。三氯乙酸的作用是使肝匀浆的蛋白质、酶变性而发生沉淀。碘量瓶的作用是防止正碘酸挥发，不能用锥形瓶替代。血液丙酮增高，除见于乳牛酮病外，尚见于母羊妊娠症、长期饲喂高脂低糖饲料、饥饿及恶病质等。

5. 手持式血酮仪检测法

（1）原理：血液中的β-羟丁酸（β-HB）与固定在试纸条表面的β-羟丁酸脱氢酶反应，β-HB被氧化生成乙酰乙酸（ACAC），同时烟酰胺腺嘌呤二核苷酸（NAD）被还原为NADH；NADH与硫辛酰胺脱氢酶反应，同时还原铁氰化钾，产生NAD和亚铁氰化钾。信号检测仪向酮体试纸条施加一恒定的工作电压，使亚铁氰化钾氧化为铁氰化钾，产生氧化电流，氧化电流的大小与β-HB浓度成正比。信号检测仪记录氧化电流的大小，并换算出β-HB的浓度。

（2）试剂与仪器：T-1型便携式血酮体测试仪。质控品、酮体试条。

（3）检测：每次检测之前都必须用质控品进行测试，测定结果显示后再进行测定。采取2mL新鲜静脉全血，将一个酮体试纸条插入血酮仪后，用毛细管取10μL全血滴加到酮体试纸条上，30s后血酮仪显示β-羟丁酸浓度。如一次不能全部测完样品，可将静脉血标本在4℃保存。

6. 分光光度计法

（1）原理：β-羟丁酸可与NAD反应生成NADH，NADH的生成量与样品中β-羟丁酸的浓度成正比。且NADH的生成量可由其在340nm波长处的吸光度来反映，所以用分光光度计测定NADH在340nm处吸光度的变化可间接地定量反映待测样品中β-羟丁酸的含量。

（2）试剂：5% $ZnSO_4$（称取5g分析纯硫酸锌，加重蒸水定溶至100mL，储存于玻璃试剂瓶中），4.5% $Ba(OH)_2$ [称取4.5g氢氧化钡（分析纯），加重蒸水定溶至100mL，储存于玻璃试剂瓶中]，9mol/L H_2SO_4（40mL，取20mL浓硫酸加重蒸水20mL），5% $K_2Cr_2O_7$（取5g重铬酸钾用重蒸水定溶至100mL，贮于玻璃试剂瓶中），15% Na_2SO_3（取15g亚硫酸钠用重蒸水定溶至100mL，储于玻璃试剂瓶中），0.1%酸性2,4-二硝基苯肼溶液（称取2,4-二硝基苯肼100mg溶于2mol/L HCl中，储存于棕色瓶内），2mol/L NaOH溶液（取8g氢氧化钠用重蒸水定溶至100mL，储于玻璃试剂瓶中）。

丙酮标准液（1mmol/L）：相对密度准确吸取比重为0.79的丙酮1.0mL，用重蒸水定容到500mL，混匀，此溶液含丙酮27.2mmol/L，吸取此溶液1.84mL，用重蒸水定容到50mL，丙酮浓度为1mmol/L。

β-羟丁酸标准液（1mmol/L）：准确称取β-羟丁酸104mg，用重蒸水定溶至1 000mL，混匀。

（3）仪器：722型分光光度计、10mL螺口具塞刻度试管。

（4）检测：

①血滤液的制备：取全血5.0mL，加入4.5% $BaOH_2$ 10mL，充分混匀，静置至变褐色（至少15min）。加入5% $ZnSO_4$ 10mL，混匀，静止5min。3 000r/min离心10min，取上清液。

②总酮体测定：取血滤液3.0mL，置具塞试管中，然后加入9mol/L H_2SO_4 0.4mL和5% $K_2Cr_2O_7$ 0.1mL，塞紧，混匀，沸水浴20min，取出冷却后再加入15% Na_2SO_3 0.5mL，混匀后加0.1%酸性2,4二硝基苯肼溶液2.0mL、CCl_4 2.0mL，塞紧，混匀，37℃保温10min，取出剧烈振荡10min，去上层酸液，用蒸馏水10mL，分2次冲洗CCl_4层，去上层水液后，加2mol/L NaOH 4.0mL，塞紧，轻轻振荡3min，取上层碱液，用722型分光光度

计在波长 420nm 处进行比色测定。

【注意事项】

（1）健康奶牛血清中的酮体（指 β-羟丁酸、乙酰乙酸、丙酮）含量一般在 1.71mmol/L（100mg/L）以下，亚临床酮病血清中的酮体含量在 1.72～3.44mmol/L（100～200mg/L）之间，而临床酮病奶牛血清中的酮体含量一般在 3.44mmol/L（200mg/L）以上。

（2）酮体的定性方法包括 Lange 法、Rothera 改良法和试纸法等，其原理主要是通过肉眼观察颜色反应来定性判断是否有酮体存在，定性检验方法简单、方便，但是不能为酮病的治疗提供确切的实验依据。各种检测方法的特点如下：

①Lange 法定性检测酮体方法简便、成本低廉，为兽医临床所常用。

②Rothera 改良法定性检测酮体的方法简便、成本低廉，但该法检测为半定量，且亚硝基铁氰化钠只对乙酰乙酸敏感，与丙酮的反应较差，与 β-羟丁酸几乎不发生反应，而与 β-羟丁酸相比，乙酰乙酸的浓度较低，因此不能很好地反映酮病的严重程度。目前在此基础上开发出了酮体试纸条、酮体粉等多种检测方法，广泛应用于临床。

③试纸法检测酮体简单、方便，可快速对酮病进行诊断，但是此法只能在干燥的瓶内检测。试纸需在室温条件下保存，在使用试纸之前，应先认真阅读使用说明书，并严格按照它的要求和检测方法执行。试纸条应该在有效期内使用，禁止用手指触摸试纸上的试剂反应区。各厂家生产的血液酮体试纸，其反应原理和项目排列方式都有不同，反应时间、颜色变化、灵敏度等各有不同，选用的测定单位也不一致，因此不能混合使用或用不同的比色板比色。试纸浸入血清的时间不要太长，严格掌握比色时间，在规定时间内完成比色，因比色时间延长可使结果偏高。

（3）酮体的定量检测方法包括水杨醛法、改良水杨醛比色法、手持式血酮仪检测法和分光光度计法等，这些方法均可准确的指示酮病的发展过程及治疗的效果评价，但是要求实验室条件比较严格，而且需要多种仪器，不便于临床应用。各种检测方法的特点如下：

①改良式水杨醛比色法与传统方法相比具有准确性好、线性范围宽、精密度和稳定性好等优点，被认为是一种较好的测定血酮方法，且成本低廉，不需要昂贵的仪器，并且一次可测 100 份样品以上，已被推广应用。

②手持式血酮仪检测法检测简便、快速、准确性和重复性好，适合临床常规检测。

③分光光度计法可定量测定酮体中 β-羟丁酸的浓度，准确可靠，被广泛应用于科研和生产实践中。

【思考题】

（1）酮体是如何产生的？见于哪些疾病？

（2）常用测定血清中酮体含量的方法有几种？各有什么特点？

（3）试述常见酮体定量测定方法的原理及操作。

实验十六　血液 pH 测定

血液酸碱度用 H^+ 浓度或 H^+ 的负对数（pH）表示，它是指血液与空气隔绝条件下，全血中血浆的酸碱度，凡细胞内的生化改变均受到血液 pH 的影响，动物靠呼吸和肾脏调节血液的 pH，正常血液 pH 呈弱碱性，当动物患某些疾病时，这一平衡会遭到破坏，引起血液 pH 偏低或偏高，必然会出现酸中毒或碱中毒。在许多疾病过程中，由于发热、缺氧、血液循环衰竭，使糖、脂肪、蛋白质分解加快，引起乳酸、酮体、氨基酸增多，并蓄积于体内，出现酸中毒；而碱中毒则是由于胃酸缺乏或内服碱性药物过量引起。一般说来，腹泻可引起酸中毒，呕吐则引起碱中毒。血液酸碱平衡状态的有关数据对临床疾病的诊断和治疗发挥着重要作用，特别是急症抢救和监护危重病畜。pH 在正常范围时并不代表不存在酸碱失调，可能发生代偿性酸中毒、代偿性碱中毒或复合性酸碱平衡失调。

【实验目的】掌握 pH 测定的内容、基本方法、判定标准及其临床意义。

【实验准备】

1. 实验动物　初步诊断为酮病、瘤胃酸中毒的动物或其他牛、羊各1头。

2. 器材与试剂　注射器、试管、真空采集管、酒精棉、止血带、PHS-3C 酸度计、血气分析仪，肝素。

3. 样品的采集与处理　保定好动物，用注射器抽取一定量的血液，立即置于加有抗凝剂肝素的试管内，轻轻混匀后立即检测。如不能立即检测，应放入4℃冰箱内储存，并于1h内检测。

【实验内容】

（一）酸度计测定法

用酸度计电极可精确测出血液的 pH。

1. 酸度计使用前的准备　将复合电极按要求接好，置于蒸馏水中，并使加液口外露。

2. 预热　按下电源开关，仪器预热 30min，然后对仪器进行标定。

3. 仪器的标定（单点标定）

（1）按下"pH"键，斜率旋钮调至 100％位置。

（2）将复合电极洗干净，并用滤纸吸干后将其插入已知 pH 的标准缓冲溶液中，温度旋钮调至标准缓冲溶液的温度，搅拌使溶液均匀。

（3）调节定位旋钮使仪器读数为该标准缓冲溶液的 pH，仪器标定结束。

4. pH 测定　将电极移出，用蒸馏水洗干净，并用滤纸吸干后将复合电极插入待测溶液中，搅拌使溶液均匀，仪器显示的数值即是该溶液的 pH。

（二）血气分析仪检测法

用血气分析仪可直接检测出血液 pH。采集动物血液，置于加有肝素抗凝的注射器内，轻轻混匀后立即在血气分析仪上进行测定。

1. 进样　将标本混匀，排去注射器头部少许血液，打开进样器，自动或手动进样。若用毛细血管血，选择毛细管方式进样。有的仪器除上述方式外，还可选择微量血、试管样本、呼出气样本、动—静脉及混合血样本、单项分析样本等多种方式。注意样本不能有凝块。

2. 输入数据　大气压（PB）；患畜体温（T），患畜体温每升高1℃，血液 pH 可下降 0.014 7；患畜血红蛋白（Hb）值；吸入氧浓度（FIO_2％）；呼吸商（RQ）。

3. 报告　仪器自动测量，显示并打印结果，发出报告。

（三）血液 pH 变化的临床意义

血液酸碱度是判断酸碱平衡紊乱最直接的指标。正常血液的酸碱度始终保持在一定的水平，变动范围很小，当体内酸性或碱性物质过多，超出机体调节能力，或者肺和肾功能障碍使调节酸碱平衡的能力降低，均可导致酸中毒或碱中毒。

血液酸碱度（pH）正常值，动脉血为 7.35～7.45，静脉血为 7.33～7.41。

1. pH 增高　提示失代偿性碱中毒。

（1）呼吸性碱中毒：由于换气过多所致，如呼吸中枢兴奋性增高的中枢神经疾病等。

（2）代谢性碱中毒：常因服碱过多或丢酸过多所致，如长期大量呕吐。

2. pH 降低　提示失代偿性酸中毒。

（1）呼吸性酸中毒：主要由于肺排出二氧化碳功能障碍，如呼吸肌麻痹；肺部疾病，如肺水肿、阻塞性肺病、哮喘持续状态等。

（2）代谢性酸中毒：体内产酸过多，如糖尿病酮症酸中毒，饥饿性酸中毒；肾脏排泄障碍，如尿毒症。

（3）丢失碱过多，如慢性腹泻。

（4）酸性药物服用过多。

3. pH 正常　可有三种情况，即无酸碱失衡、代偿性酸碱失衡或复合性酸碱失衡。要区别是呼吸性、代谢性、还是两者的复合作用，需结合其他有关的指标进行综合判断。

【注意事项】

（1）血液样品采集后，适宜的抗凝比例为肝素与血液 1∶20。肝素量大，可导致 pH 升高。

（2）样品采集后应及时测定，测定前样品一定要反复混匀，如特殊原因不能及时测定，应放在 4℃ 冰箱不超过 1h，因为血细胞离体后尤其是白细胞及网状红细胞还在继续新陈代谢，产生乳酸等酸性代谢产物使 pH 下降。放在冰箱保存的样本测定时应在室温放置一段时间，使其温度升高，以免与 pH 电极温差过大，影响测定结果的稳定性。

（3）使用血气分析仪时，应检查标准液、质控液等是否超过使用期限，以保证检测的准确性。

（4）防止仪器与潮湿气体接触。潮气的浸入会降低仪器的绝缘性，使其灵敏度、精确度、稳定性都降低。

（5）酸度计玻璃电极小球的玻璃膜极薄，容易破损。切忌与硬物接触。

（6）酸度计玻璃电极的玻璃膜不要沾上油污，如不慎沾有油污可先用四氯化碳或乙醚冲洗，再用酒精冲洗，最后用蒸馏水洗净。

（7）如酸度计指针抖动严重，应更换玻璃电极，以免影响测定结果的准确性。

（8）血浆二氧化碳结合力（CO_2CP）测定方法见第二章实验十。

【思考题】

（1）有哪些因素可引起血液 pH 增高？

（2）血液 pH 测定的方法及原理如何？

（3）血液 pH 测定需注意哪些事项？

实验十七　肝脏功能检验

肝脏是动物体重要的代谢器官,几乎参与体内一切物质代谢,在蛋白质、维生素、脂类、激素等物质代谢中都起重要作用。同时,肝脏还有广泛的生理功能,如解毒、排泄、免疫、生物转化,以及与肾脏共同维持体液和电解质平衡等,因此肝脏的病变会引起机体多种功能障碍。

临床上将检测肝功能状态的实验室检查称为肝功能检验。肝功能检查项目种类繁多,临床上用肝功能常规检验项目(即总胆红素、直接胆红素和间接胆红素等检测)来诊断肝脏代谢功能是否正常;用转氨酶含量指标来检查肝脏是否受损,是否有肝细胞变性或坏死等;用各种球蛋白的含量来诊断肝脏对蛋白质、脂类和维生素的代谢功能是否正常等。由于肝脏具有强大的再生能力和代偿能力,所以肝脏受到轻度损伤或局限性损害时并不引起明显的肝脏功能障碍。因此,肝功能检验的结果必须结合病畜临床症状、病理变化及其他实验结果进行综合分析判断。

【实验目的】训练并掌握胆红素代谢的检验、蛋白质代谢的检验、染料摄取与排泄功能检验以及与肝功能损害有关的血清酶学检验方法,理解上述指标变化的临床意义。

【实验准备】

(一)血清总胆红素和结合胆红素测定的试剂

1. 咖啡因-苯甲酸钠试剂　称取无水醋酸钠 41.0g,苯甲酸 38.0g,乙二胺四乙酸二钠($EDTANa_2$)0.5g,溶于约 500mL 蒸馏水中,再加入咖啡因 25.0g,搅拌使溶解(加入咖啡因后不能加热),用蒸馏水补足至 1 000mL,混匀。用滤纸过滤,置棕色瓶中室温保存。

2. 碱性酒石酸钠溶液　称取氢氧化钠 75.0g,酒石酸钠 263.0g,用蒸馏水溶解并补足至 1 000mL,混匀。置塑料瓶中室温保存。

3. 5.0g/L 亚硝酸钠溶液　称取亚硝酸钠 5.0g,用蒸馏水溶解并稀释到100mL,混匀,置棕色瓶中,4℃冰箱保存,稳定至少 3 个月。然后 10 倍稀释成 5.0g/L,4℃冰箱稳定至少 2 周。

4. 5.0g/L 对氨基苯磺酸溶液　称取对氨基苯磺酸($NH_2C_6H_4SO_3H \cdot H_2O$)5.0g,溶于 800mL 蒸馏水中,加入浓盐酸 15mL,用蒸馏水补足至 1 000mL。

5. 重氮试剂　临用前取 5.0g/L 亚硝酸钠溶液 0.5mL 与 5.0g/L 对氨基苯磺酸溶液 20mL 混合。

6. 5.0g/L 叠氮钠溶液　称取叠氮钠 0.5g,用蒸馏水溶解并稀释至100mL。

7. 胆红素标准液

(1)一般用游离(非结合)胆红素配制标准液,用牛血清(含白蛋白 40g/L)作为标准液的稀释剂。

(2)配制标准液的胆红素需符合下列标准:纯胆红素的氯仿溶液,在 25℃条件下,光径(10±0.01)nm,波长 453nm,摩尔吸光系数应在(60 700±1 600)范围内。

(3)171μmol/L 胆红素储存标准液。准确称取胆红素 10mg,加入 1mL 二甲亚砜,用玻璃棒搅拌，使成混悬液。加入 0.05mol/L 碳酸钠溶液 2mL，使胆红素完全溶解，移入 100mL 容量瓶中，用稀释剂洗涤数次并移入容量瓶中，缓慢加入 0.1mol/L 盐酸 2mL，边加边摇（勿用力，以免产生气泡），最后用稀释剂补足至 100mL。配制过程中应尽量避光，储存容器用黑纸包裹。置 4℃ 冰箱中保存 3d 内有效，但要求配后尽快作标准曲线。

（二）血清总蛋白测定的试剂

1. 6mol/L 氢氧化钠溶液 称取 240g 氢氧化钠，用蒸馏水溶解并补足至 1 000mL。置塑料瓶内密封保存。

2. 双缩脲试剂 称取未风化的硫酸铜（$CuSO_4 \cdot 5H_2O$）3g，溶于 500mL 蒸馏水中，加酒石酸钾钠 9g，碘化钾 5g，待完全溶解后，加入 6mol/L 氢氧化钠 100mL，用蒸馏水补足至 1 000mL，置塑料瓶内密封保存。

3. 双缩脲空白试剂 称取酒石酸钾钠 9g，碘化钾 5g，溶于蒸馏水中，加 6mol/L 氢氧化钠 100mL，再用蒸馏水补足至 1 000mL。

4. 蛋白标准液 收集混合血清，用凯氏定氮法测定蛋白含量，也可以用定值参考血清或标准液作标准。

（三）血清白蛋白测定的试剂

1. 0.5mol/L 琥珀酸缓冲储存液（pH 4.0） 称取氢氧化钠 10g，琥珀酸 56g，溶于 800mL 蒸馏水中，用 1mol/L 氢氧化钠调 pH 至 4.05~4.15，加蒸馏水至 1 000mL，置 4℃ 冰箱保存。

2. 溴甲酚绿储存液（10mmol/L） 称取溴甲酚绿 1.75g 溶于 5mL 1mol/L 氢氧化钠中，用蒸馏水稀释至 250mL。

3. 叠氮钠储存液 称取叠氮钠 40g 溶于 1 000mL 蒸馏水中。

4. 聚氧化乙烯月桂醚储存液 称取 25g 聚氧化乙烯月桂醚溶于约 80mL 蒸馏水中，加温助溶，加蒸馏水至 100mL。

5. 溴甲酚绿试剂 于 1 000mL 容量瓶中加蒸馏水 400mL，加琥珀酸缓冲储存液 100mL，用吸管准确加入溴甲酚绿储存液 8.0mL，并用蒸馏水将吸管上残留的少量染料洗到液体内，加叠氮钠 2.5mL，聚氧化乙烯月桂醚储存液 2.5mL，然后用蒸馏水定容至 1 000mL。配好的溴甲酚绿试剂的 pH 应为 4.1~4.2。

6. 40g/L 白蛋白标准液 也可以用定值参考血清作为白蛋白标准，均需置冰箱 4℃ 保存。

（四）血清蛋白电泳测定的器材与试剂

1. 器材

(1) 电泳仪：选用电子管或晶体管整流的直流电源，电压 0~600V，电流 0~300mA。

(2) 电泳槽：选购或自制适合醋酸纤维素薄膜的电泳槽，电泳槽的空间与醋酸纤维素薄膜面积之比应为 $5cm^3 : 1cm^2$，电极用铂（白金）丝。

(3) 血清加样器：10μL 微量吸管，分度为 0.5μL。

(4) 光密度计：各种型号均可。

(5) 醋酸纤维素薄膜：质地均匀，微化较细，染料吸附量少，蛋白区带离鲜明，蛋白染色稳定和电渗"拖尾"轻微，规格一般为 2cm×8cm。

2. 试剂

（1）巴比妥-巴比妥钠缓冲液（pH 8.6±0.1）：称取巴比妥 2.21g、巴比妥钠 12.36g 于 500mL 蒸馏水中，加热溶解，待冷却至室温后加蒸馏水至 1 000mL。

（2）染色液：

①丽春红 S 染色液：取丽春红 9.04g、三氯醋酸 6g，用蒸馏水溶解，并稀释至 100mL。

②氨基黑 10B 染色液：取氨基黑 10B 0.1g，溶于无水乙醇 20mL 中，加冰醋酸 5mL，甘油 0.5mL 使溶解，然后将磺柳酸 2.5g，溶于少量蒸馏水中，加入前液，再以蒸馏水补足至 100mL。

（3）漂洗液：

①30mL/L 醋酸溶液，用于丽春红染色的漂洗。

②甲醇 45mL、冰醋酸 5mL 和蒸馏水 50mL 混匀，用于氨基黑 10B 染色的漂洗。

（4）透明液：柠檬酸 21g 和 N-甲基-吡咯烷酮 150g，用蒸馏水溶解，并稀释到 500mL。也可选用液体石蜡或氢萘作为透明液。

（5）0.1mol/L 氢氧化钠溶液：称取 0.4g NaOH 溶于蒸馏水中并定容至 100mL。

（6）0.4mol/L 氢氧化钠溶液：称取 1.6g NaOH 溶于蒸馏水中并定容至 100mL。

（五）血清丙氨酸氨基转移酶（ALT）测定的试剂

1. 0.1mol/L 磷酸盐缓冲液（pH 7.4）

（1）A 液：称磷酸二氢钾 13.6g，溶于蒸馏水中并定容至 1 000mL，4℃冰箱保存。

（2）B 液：称 $NaH_2PO_4 \cdot 2H_2O$ 17.6g，溶于蒸馏水中并定容至 1 000mL，4℃冰箱保存。

（3）取 A 液 80mL，B 液 420mL 混合，置 4℃冰箱内保存备用。

2. ALT 基质液 精确称取 DL-丙氨酸 1.79g 和 α-酮戊二酸 29.2mg，溶于 50mL 磷酸盐缓冲液中，用 1mol/L NaOH 溶液校正 pH 至 7.4，再加磷酸盐缓冲液定容至 100mL，加 90mg 麝香草酚，4℃冰箱保存。

3. 1mol/L 2，4-二硝基苯肼（DNPH）溶液 称取 DNPH 19.8mg，溶于 1 000mL 1mol/L HCl 中，置室温保存。

4. 0.4mol/L NaOH 溶液 称取 16.0g NaOH 溶于蒸馏水中并定容至 1 000mL，置室温保存。

5. 2mmol/L 丙酮酸标准液 准确称取 22.0mg 丙酮酸钠，置于 100mL 容量瓶中，加 0.05mol/L 硫酸并定容至 100mL。

（六）血清天冬氨酸氨基转移酶（AST）测定的试剂

1. 基质液 称取 DL-天冬氨酸 2.66g 和 α-酮戊二酸 29.2mg，加 1mol/L NaOH 20.5mL 溶解，校正 pH 至 7.4，移入 100mL 容量瓶内，加 0.1mol/L 磷酸盐缓冲液（pH 7.4）至 100mL，加 90 mg 麝香草酚，4℃冰箱保存。

2. 其他试剂 同 ALT 测定。

（七）血清总胆汁酸测定的试剂

1. 0.2mol/L Tris-HCl 缓冲液（pH 7.5） 称取 Tris 24.3g，用约 500mL 蒸馏水溶解，

加入 1mol/L 盐酸 161.2mL，混匀，以蒸馏水稀释至 1 000mL，加入非离子表面活性剂 Noigen ET-180 聚氧乙烯油醚 10mg。

2. 测定试剂 取 48mL 上述缓冲液，加入 66.3mg（100μmol）NAD^+、20mg NTB 溶解，临用前加入 50 U 黄递酶及 0.5U3α-HSD，置于棕色瓶 4℃ 保存。

3. 空白试剂 同测定试剂，但不含 3α-HSD，置于棕色瓶 4℃ 保存。

4. 200mmol/L 丙酮酸钠 称取丙酮酸钠 1.1g，以蒸馏水溶解并稀释至 50mL，置于棕色瓶 4℃ 保存。

5. 1.33mol/L 磷酸 85% 磷酸（质量体积比为 1.685）45.5mL，加入约 400mL 蒸馏水中，稀释至 500mL。

6. 混合血清 取无溶血、无黄疸、肝功试验正常的血清混合。

7. 标准液（50μmol/L 甘氨胆酸钠） 称取甘氨胆酸钠（分子质量为 487.6μ）2.44mg，溶于 100mL 混合血清中，分装后冰冻保存。

（八）靛青绿排泄试验的准备

1. 靛青绿注射液 取靛青绿 25g，溶于 5mL 注射用水。

2. 脱色剂 次氯酸钠，用蒸馏水 2 倍稀释。

3. ICG 标准液（10mL/L） 取靛青绿注射液（5mg/mL）1mL，加蒸馏水稀释到 500mL。

【实验内容】

（一）血清总胆红素和结合胆红素测定

1. 原理 血清中结合胆红素可直接与重氮试剂反应，产生偶氮胆红素，而非结合胆红素需经加速剂咖啡因-苯甲酸钠-醋酸钠作用，使其分子内氢键破坏后，才能与重氮试剂反应，产生偶氮胆红素。咖啡因、苯甲酸钠为加速剂，醋酸钠维持 pH 同时兼有加速作用。抗坏血酸（或叠氮钠）破坏剩余重氮反应，终止结合胆红素测定管的偶氮反应。本方法的重氮反应 pH 为 6.5，最后加入碱性酒石酸钠，使紫色的偶氮胆红素（吸收峰 530nm）转变为蓝色的偶氮胆红素（吸收峰 598nm），这样在 598nm 波长下进行比色，可避免非胆红素产生的吸光度的干扰，增加检测的灵敏度和特异性。

2. 检测

（1）样品测定：用改良咖啡因 J-G 法测定胆红素含量，具体方法按表 3-5 检测。

表 3-5 改良 J-G 法检测步骤

加入物（mL）	总胆红素	结合胆红素	对照管
血清	0.2	0.2	0.2
咖啡因-苯甲酸钠试剂	1.6	—	1.6
对氨基苯磺酸溶液	—	—	0.4
重氮试剂	0.4	0.4	—

(续)

加入物 (mL)	总胆红素	结合胆红素	对照管
每加一种试剂后混合，然后总胆红素管置室温10min，结合胆红素管置37℃1min			
叠氮钠溶液	—	0.05	—
咖啡因-苯甲酸钠试剂	—	1.55	—
碱性酒石酸钠溶液	1.2	1.2	1.2

充分混匀后，在波长600nm下，对照管调零，读取各管吸光度；或用蒸馏水调零，读取测定管及对照管吸光度，用测定管吸光度与对照管吸光度之差（$A_U - A_C$），在标准曲线上查出相应的胆红素浓度。

(2) 胆红素标准曲线的制作：按表3-6稀释胆红素储存液，制备胆红素标准液。

表3-6 不同浓度胆红素标准液的制备

加入物 (mL)	管 号				
	1	2	3	4	5
胆红素储存标准液	0.4	0.8	1.2	1.6	2.0
标准液稀释剂	1.6	1.2	0.8	0.4	—
相当于胆红素浓度					
μmol/L	34.2	68.4	103	137	171
mg/dL	2	4	6	8	10

将以上各管充分混匀（注意不可产生气泡），按血清总胆红素测定法检测。每一浓度作3个平行管，每一浓度分别作标准对照管，用各自的标准对照管调零，读取各标准管的吸光度。每管的吸光度还应减去标准液稀释剂中总胆红素的吸光度，然后与相应的胆红素浓度绘制标准曲线。

3. 注意事项

(1) 血液样品轻度溶血对本法无影响，但严重溶血时可使测定结果偏低，因血红蛋白与重氮试剂反应形成的产物可破坏偶氮胆红素，还可被亚硝酸氧化为高铁血红蛋白而干扰吸光度测定。

(2) 叠氮钠能破坏重氮试剂，终止偶氮反应。凡用叠氮钠作为防腐剂的质控血清，可引起偶氮反应不完全，甚至不呈色。

(3) 胆红素对光敏感，标准液及标本均应尽量避光。

(4) 胆红素储存标准液配制过程中应尽量避光，储存容器用黑纸包裹。

(5) 胆红素检测能够鉴别黄疸类型：总胆红素和非结合胆红素浓度增高，见于溶血性黄疸、血型不合的输血反应等，以非结合胆红素增高为主；总胆红素和结合胆红素浓度增高为阻塞性黄疸，如胆石症、肝癌、胰头癌等，以结合胆红素增高为主；总胆红素、结合胆红素、非结合胆红素浓度均增高为肝细胞性黄疸，见于急性黄疸性肝炎、慢性活动性肝炎、肝硬化和急性黄色肝坏死等。

(6) 胆红素检测还可用于肝细胞损害程度和预后判断：在肝脏疾病中，胆红素浓度明显升高，常反映肝细胞损伤严重，预后不良；但也有少数亚急性肝炎无黄疸出现；而胆汁淤积性肝炎，血清胆红素浓度很高，但肝细胞受损程度较轻。

（二）血清总蛋白的测定

1. 原理 血清总蛋白是血清中全部蛋白质的总称，它是血清的主要成分，大部分由肝细胞合成，相对分子质量从 5 000 到 10 万不等，主要分为白蛋白和球蛋白两种，在机体中具有重要的生理功能。90%以上的血清总蛋白和全部的血清白蛋白是由肝脏合成，因此血清总蛋白和白蛋白测定是反映肝脏功能的重要指标。

蛋白质多肽链中的肽键（—CONH—）在碱性条件下，与铜离子络合形成紫红色化合物。在540nm处有最大吸收峰，所产生的络合物颜色与蛋白质的浓度成正比。通过与同样处理的蛋白标准相比较，可求出血清总蛋白的浓度。

2. 检测
（1）样品测定：用双缩脲法测定总蛋白含量，具体方法按表3-7进行。

表3-7 总蛋白测定检测步骤

加入物（mL）	测定管（U）	标准管（S）	空白管（B）
待检血清	0.1	—	—
蛋白标准液	—	0.1	—
蒸馏水	—	—	0.1
双缩脲试剂	5.0	5.0	5.0

混匀，置于37℃培养箱中30min，在波长540nm处，以空白管调零，读取各管的吸光度。

（2）计算：

$$血清总蛋白（g/L）=\frac{A_U}{A_S}\times 标准液浓度（g/L）$$

3. 注意事项
（1）吸光度的数值与试剂组分、pH、反应温度等条件有关，所以上述条件在实验中必须保持一致。
（2）高脂、高胆红素和溶血的标本，应作标本空白管来消除干扰。
（3）双缩脲试剂配好后，必须密闭保存，阻止吸收空气中的CO_2。
（4）血清总蛋白含量升高常见于慢性肝炎、肝硬化和血液浓缩等；血清总蛋白含量降低常见于慢性肝病、营养不良和血液稀释等；急性肝炎总蛋白含量一般无明显变化。

（三）血清白蛋白测定

1. 原理 白蛋白由肝实质细胞合成，是血浆中含量最多的蛋白质，占血浆总蛋白质的40%～60%。当肝细胞受损时，血浆蛋白质合成减少，尤其是白蛋白明显减少。通过测定白蛋白的含量，可以间接了解机体的营养情况和肝脏功能。

溴甲酚绿在 pH 4.2 的环境中，在有非离子去垢剂聚氧化乙烯月桂醚存在时，可与白蛋白反应形成蓝绿色复合物，在波长 630nm 处具有吸收峰，吸光度与白蛋白浓度成正比，与同样处理的白蛋白标准比较，可求得血浆中白蛋白的含量。

2. 检测

（1）样品测定：用甲酚绿法测定白蛋白含量，具体检测步骤按表 3-8 进行。

表 3-8 白蛋白测定检测步骤

加入物（mL）	测定管（U）	标准管（S）	空白管（B）
待检血清	0.02	—	—
白蛋白标准液	—	0.02	—
蒸馏水	—	—	0.02
溴甲酚绿试剂	4.0	4.0	4.0

混匀，室温放置 10min，在波长 630nm 处，用空白管调零，读取各管的吸光度。

（2）计算：

$$血清总蛋白（g/L）=\frac{A_U}{A_S}×标准液浓度（g/L）$$

3. 注意事项

（1）本实验的检测样本可以是血清，也可以是用 EDTA 抗凝的血浆。

（2）当样本有脂血、溶血和高胆红素时，应做样本空白对照，以消除干扰。

（3）溴甲酚绿染料结合法测定过程中，溴甲酚绿不但与白蛋白迅速发生呈色反应，而且同时可与血清中多种蛋白成分发生呈色反应，其中 α 球蛋白、转铁蛋白、珠蛋白更为显著，只是其反应速度较白蛋白慢，所以有人主张用定值血清作标准比较理想，读取 1min 吸光度计算结果。

（4）水杨酸类、青霉素以及其他药物与溴甲酚绿竞争白蛋白上的结合点，所以上述物质存在时对测定结果有影响。

（5）白蛋白增加多见于血液浓缩、大面积烧伤等；减少则见于肝硬化失代偿期，多为预后不良。肝细胞受损越严重，白蛋白减少越明显。

（6）球蛋白含量可用总蛋白减去白蛋白获得，同时可计算白蛋白/球蛋白值。正常情况下白蛋白/球蛋白值大于 1。结合总蛋白、白蛋白、球蛋白含量以及白蛋白/球蛋白值能够更准确判断疾病。

①血清总蛋白、白蛋白及白蛋白/球蛋白值降低，见于肝功能损伤，如脂肪肝、肝硬化、中毒性肝实质性炎症等。

②血清总蛋白和球蛋白含量增高、白蛋白/球蛋白值降低，见于各种感染及慢性肝脏疾患等。

③血清总蛋白升高，但白蛋白/球蛋白值不变，见于各种原因造成的脱水。

④血清总蛋白、球蛋白含量均降低，白蛋白/球蛋白值升高，见于重度疾病的濒死期。

（四）血清蛋白的电泳测定

1. 原理 蛋白质等生物分子在缓冲液中带有负电荷或正电荷，在电场中向阳极或阴极运动，称为电泳。由于其等电点不同、分子大小、形状和荷质比的不同，使不同蛋白质分子具有不同的电泳迁移率，在一定的支持介质中可借以分离各种蛋白质。常用的电泳技术有醋酸纤维素薄膜电泳、琼脂糖凝胶电泳、聚丙烯酰胺凝胶电泳和免疫电泳等。血清蛋白电泳以醋酸纤维素薄膜应用最为普遍。根据电泳结果反映蛋白质组分之间的相对变化，能够在一定程度上反映肝脏合成蛋白功能的异常。

血清中各种蛋白质都有其特有的等电点，各种蛋白质在各自的等电点时呈电中性状态，它的分子所带正电荷与所带负电荷量相等。将蛋白质置于 pH 比其等电点较高的缓冲液中，它们将形成带负电荷的质点，在电场中均向正极泳动。由于血清蛋白质的等电点不同，带电荷的量多少差异，蛋白质分子质量大小也不同，所以在同一电场中泳动速度也不同。蛋白质分子越小带电越多，移动速度越快；分子越大而带电越少，移动速度越慢。按其泳动速度可以分出以下的主要区带，从正极端起，依次为白蛋白、α_1 球蛋白、α_2 球蛋白、β 球蛋白和 γ 球蛋白 5 条区带。

2. 检测

（1）将缓冲液加入电泳槽内，调节两侧槽内的缓冲液，使其处于同一平面。

（2）取 2cm×8cm 醋酸纤维素薄膜，在毛面的一端 1.5cm 处用铅笔轻画一条横线，做点样标记，编号，并标明正、负极后，将薄膜置于巴比妥-巴比妥钠缓冲液中浸泡约 20min，待充分浸透后取出，夹于洁净滤纸中间吸去多余的缓冲液。

（3）将醋酸纤维素薄膜毛面向上贴于电泳槽支架上拉直，用微量吸管吸取无溶血血清 3～5μL 于横线处沿横线加样，样品应与薄膜的边缘保持一定的距离，以免电泳图谱中的蛋白区带变形，待血清渗入薄膜后，反转薄膜，使光面朝上，平直地贴于电泳槽支架上，用双层滤纸或四层纱布将薄膜的两端与缓冲液连通。

（4）接通电源，注意醋酸纤维素薄膜上的正、负极，切勿接错，电压 90～150V，电流 0.4～0.6mA/cm，夏季通电 45min，冬季通电时间稍长，电泳区带展开 25～35mm 即可。

（5）染色：通电完毕，取下薄膜直接浸于丽春红 S 染色液或氨基黑 10B 染色液中，染色 5～10min 至白蛋白区带染透为止，然后在漂洗液中漂去剩余染料，直至背景无色为止。

（6）定量：

①比色法：

A. 氨基黑 10B 染色：将漂洗的薄膜吸干，剪下各染色的蛋白区带放入相应的试管中，在白蛋白管中加 0.4mol/L 氢氧化钠 6mL（计算时吸光度乘以 2），其余各管加 3mL，振摇数次，置 37℃水浴 20min 使其色泽浸出，用分光光度计在 620nm 处读取各管吸光度，然后计算出各管的蛋白含量，同时做空白管对照。

B. 丽春红 S 染色：浸出液用 0.1mol/L 氢氧化钠，加入量同上法。10min 后，白蛋白管内加 400mL/L 醋酸 0.6mL（计算吸光度时乘以 2），其余各管加 0.3mL，以中和部分氢氧化钠，使色泽加深，1 000r/min，离心 5min，取上清液用分光光度计在 520nm 处读取各管的吸光度，同时作空白对照，计算各管的蛋白质含量。

②光密度计扫描法：

A. 透明：吸去薄膜上的漂洗液（可防止透明液被稀释影响透明结果），将薄膜浸入透明液中 2～3min，然后取出，以滚动的方式平贴于洁净无划痕的载物玻璃片上，切勿产生气泡，将此玻片竖立片刻，除去多余透明液后，置 90～100℃烘箱内，烘烤 10～15min，取出冷却至室温，用此法透明的各蛋白区带鲜明，薄膜平整，可供直接扫描和永久保存（用氢萘或液体石蜡透明，应将漂洗过的薄膜烘干后进行透明，此法透明的薄膜不能久存，且易发生皱折）。

B. 扫描定量：将已透明的薄膜放入全自动光密度计或其他光密度计暗箱内，进行扫描分析。

(7) 计算：比色法按下式计算，直接扫描法可直接打印出结果。

$$各组分蛋白含量（\%）=A_X/A_T\times100\%$$

$$各组分蛋白含量（g/L）=各组分蛋白百分数\times血清总蛋白含量（g/L）$$

式中，A_X 表示各个组分蛋白（Alb、α_1、α_2、β、γ）吸光度；A_T 表示各个组分蛋白的总吸光度。

3. 注意事项

(1) 每次电泳时应交换电极，可使两侧电泳槽内缓冲液的正、负离子相互交换，从而使缓冲液保持在一定的 pH 水平。每次电泳时薄膜数量不同，故缓冲液在使用 10 次后，最好弃去，重新配制，否则影响电泳效果。

(2) 电泳槽内缓冲液高度保持一定，过低会出现 γ 球蛋白的电渗现象（向阴极移动）。同时，电泳槽两侧液面应保持水平一致，否则通过薄膜时有虹吸现象，会影响蛋白质分子的泳动速度。

(3) 加样时，一定要注意薄膜的毛面和光面，将样本点在毛面上。

(4) 电泳失败的原因：

①电泳图谱不整齐：常见于点样不均匀，位置不佳，薄膜尚未干燥或水分蒸发，缓冲液变质，电泳时薄膜位置放置不正确，使电流方向不平行等。

②蛋白组分分离不佳：如点样过多，电流过低，薄膜结构过分细致，透水性差，导电差等。

③白蛋白结果偏低：见于染色时间不足，染色液陈旧，不透明直接扫描等。

④薄膜透明不完全：见于温度未达到 90℃ 以上将标本放入烘箱，透明液时间过长或薄膜的浸泡时间不足等。

⑤透明膜上有气泡：见于玻璃片不干净（油脂、污垢等）使薄膜部分与其脱开，贴膜时操作不慎将气泡裹入等。

(5) 血清蛋白含量异常的临床意义：

①白蛋白减少见于慢性肝炎、肝硬化、肝癌等。

②α_1 球蛋白增多见于原发性肝癌，在重型肝炎、肝昏迷时则减少，与白蛋白呈正相关。

③α_2 蛋白在病毒性肝炎初期无明显变化，1 周后逐渐增加，亚急性肝炎和急性肝坏死、失代偿期肝硬化则减少。

④β 球蛋白增多见于脂肪肝、高脂血症等。在胆汁淤积性肝病时其含量升高，与 α_2 球蛋白升高相平行；β 球蛋白降低见于急、慢性肝炎、肝硬化，尤以失代偿期肝硬化和坏死肝硬化下降时最为显著。

⑤γ 球蛋白增多见于慢性肝炎、肝硬化、肝胆疾患。典型肝硬化尚可见 β 和 γ 带相融合，形成 β-γ 桥。

(五) 血清丙氨酸氨基转移酶的测定

1. 原理 丙氨酸氨基转移酶（ALT）是机体的氨基转移酶之一，在氨基酸代谢中起着重要作用。ALT广泛分布在动物肝、肾、心等器官中，尤以肝细胞中含量最高，约为血清中的100倍，故只要有1‰肝细胞坏死，即可使血清中的ALT增加1倍，因此它是机体最敏感的肝功能检测指标之一。当肝细胞受损害时，细胞膜通透性增加或细胞破裂，肝细胞内ALT大量逸入血液导致血液中ALT含量增加，故血清ALT增加是反映肝细胞损害的最敏感指标之一，具有很高的灵敏度和较高的特异性。ALT是犬、猫和灵长目类动物的肝脏的特异性酶，测定该酶的活性对于诊断上述动物的肝脏疾患有重要意义。

ALT能够催化基质液中的丙氨酸和α-酮戊二酸反应，生成谷氨酸和丙酮酸，后者与2,4-二硝基苯肼作用，生成苯腙，在碱性条件下显色。

2. 检测

(1) 样品测定：将ALT基质液预温至37℃，具体测定方法按表3-9进行检测。

表3-9 ALT测定检测步骤

加入物（mL）	测定管（U）	对照管（C）
血清	0.1	0.1
基质液	0.5	—
混匀，置37℃水浴30min		
DNPH溶液	0.5	0.5
基质液	—	0.5

混匀，置37℃水浴20min，各管加0.4mol/L NaOH溶液5mL，混匀，置室温5min后，在波长505nm处用对照管调零点，读取各管吸光度，查标准曲线即得ALT活力单位。

(2) 标准曲线绘制：ALT标准曲线制作按表3-10进行。

表3-10 ALT标准曲线绘制检测步骤

加入物（mL）	B	1	2	3	4
磷酸盐缓冲液	0.1	0.1	0.1	0.1	0.1
ALT/AST	0.5	0.45	0.4	0.35	0.30
丙酮酸标准液	—	0.05	0.10	0.15	0.20
相当于ALT单位		28	57	97	150
相当于AST单位	0	24	61	114	190

各加入DNPH 0.5mL，混匀，37℃水浴20min，各加入0.4mol/L NaOH溶液5mL，混匀，5min后用B管调零点，在波长505nm处读各管吸光度，以吸光度为纵坐标，相应卡门单位为横坐标作图。

3. 注意事项

(1) 本法所用单位是用比色法实验结果和卡门分光光度法（速率法）实验结果作对比求

得值。卡门单位定义为：1mL 血清，反应液总量 3mL，在 340nm 波长、1cm 光径、25℃条件下 1min 内生成的丙酮酸将 NADH 氧化成 NAD^+，使吸光度下降 0.001 为一个卡门单位。

（2）严重黄疸、溶血、脂血标本可使测定结果偏高，以自身血清作对照可消除该影响。

（3）ALT 测定对肝脏疾病的诊断、疗效观察和预后估计均具有重要价值。

①急性肝炎：血清 ALT 活性显著升高，尤其对无黄疸、无症状肝炎的早期诊断更有帮助，其阳性率高，阳性出现时间较其他试验早，其活性的高低随肝病的进展和恢复而升降，据此可观察病情及预后判断，ALT 持续处于高水平或反复波动，表示病变仍在进行或转为慢性肝炎。若黄疸加重，ALT 反而降低，即所谓的"胆酶分离"现象，常是肝坏死的先兆。

②血清 ALT 活性升高：见于慢性肝炎、肝硬化、胆管疾病、脂肪肝、中毒性肝炎以及其他原因引起的肝损伤。

③心、脑、骨骼肌疾病和许多药物也可引起血中 ALT 升高。

（六）天冬氨酸氨基转移酶的测定

1. 原理 天冬氨酸氨基转移酶（AST）是机体另一个重要的氨基转移酶，它能催化天冬氨酸和 α-酮戊酸转氨生成草酰乙酸和谷氨酸，广泛分布于机体中，特别是心、肺、骨骼肌、肾、胰腺、红细胞中等。AST 在心肌中含量最高，其次为肝脏。肝细胞中 AST 含量是血液中的 3 倍，因此当发生肝脏疾患时血液中 AST 含量显著升高。AST 对肝细胞损害诊断的灵敏度不亚于 ALT，但其特异性较差。

AST 催化基质中的 L-天冬氨酸和 α-酮戊二酸，生成谷氨酸和草酰乙酸，后者脱羧生成丙酮酸，再与 NDPH 作用生成苯腙，在碱性条件下显棕色。

2. 检测 同 ALT 比色测定法，仅把酶促反应时间改为 60min，查 AST 标准曲线。

3. 注意事项

（1）严重黄疸、溶血、脂血标本可使测定结果偏高，以自身血清作对照可消除之。

（2）AST 测定对肝炎的诊断、疗效观察和预后估计均具有重要价值。

①急性肝炎时 AST 活性升高，但升高幅度不如 ALT，AST/ALT 比值小于 1。若该比值明显升高，则预示暴发型肝炎。

②慢性肝炎，尤其是肝硬化时，AST 活性升高幅度大于 ALT，故该比值测定有助于肝病的鉴别诊断。

（七）总胆汁酸的测定

1. 原理 肝脏参与胆汁酸的合成、结合、维持肝肠循环，调整胆汁酸池的大小。胆汁酸是由胆固醇在肝细胞微粒体上经多个酶的作用转化而成，有胆酸和鹅去氧胆酸，称为初级胆汁酸。甘胆酸（CG）是胆酸与甘氨酸结合而成的结合胆酸，是主要胆酸之一，随胆汁排入小肠，参与脂肪的消化吸收，95％的胆酸在回肠末端重吸收，经门静脉输送至肝脏，由肝细胞摄取后再泌入胆汁。正常情况下，肝脏能有效地摄取胆酸，当肝细胞受损或胆汁淤滞时，肝细胞摄取或排泄胆酸发生障碍，故测定胆汁酸含量有助于肝胆疾病的诊断及预后判断。

在 3α-羟类固醇脱氢酶（3α-HSD）作用下，各种胆汁酸 C_3 上 α 位的羟基（3α-OH）脱氢形成羰基（3α-O），同时氧化型 NAD 还原成 NADH。随后，NADH 上的氢由黄递酶催化转移给硝基四氮唑蓝（NTB），产生甲臢，用磷酸中止反应，甲臢的含量与总胆汁酸成正比。

2. 检测

（1）样品测定：血清总胆汁酸测定采用酶法，具体方法按表 3-11 检测。

表 3-11 血清总胆汁酸酶法测定检测步骤

加入物（mL）	待测血清（U）		试剂（R）		混合血清（P）		标准（S）	
	U	U_B	R	R_B	P	P_B	S	S_B
待测血清	0.2	0.2	—	—	—	—	—	—
蒸馏水	—	—	0.2	0.2	—	—	—	—
混合血清	—	—	—	—	0.2	0.2	—	—
标准液	—	—	—	—	—	—	0.2	0.2
丙酮酸钠溶液	0.2	0.2	0.2	0.2	0.2	0.2	0.2	0.2
测定试剂	0.5	—	0.5	—	0.5	—	0.5	—
空白试剂	—	0.5	—	0.5	—	0.5	—	0.5
混匀，37℃水浴 10min								
磷酸溶液	0.1	0.1	0.1	0.1	0.1	0.1	0.1	0.1

在 540nm 波长处比色，与同样处理的标准品比较，计算其含量。

（2）计算：

$$血清总胆汁酸（\mu mol/L） = (A_U - A_R) / (A_S - A_P)$$

3. 注意事项

（1）血清中乳酸脱氢酶（LDH）在其底物存在下（血清中含有一定量的乳酸）可还原 NAD^+ 为 NADH，产生高空白值，本法中加入丙酮酸钠，抑制乳酸脱氢酶活性，可有效降低空白管吸光度。

（2）反应混合物的吸光度受蛋白质影响，故甘氨胆酸钠标准液配制于混合血清中，混合血清中原有胆汁酸及其他可能参与反应的物质需设 P 管来消除干扰。

（3）胆内外道阻塞患畜血清中胆汁酸盐，尤其胆酸盐浓度会明显升高。

（4）急性病毒性肝炎血清胆汁酸盐含量常明显升高，其升高时间与转氨酶基本一致，而且是无黄疸型肝炎患畜肝排泄功能障碍的最早表现。

（八）靛青绿排泄试验

1. 原理 肝脏是人体重要的排泄器官之一，许多内源性物质（如胆汁酸、胆红素、胆固醇）以及外源性物质（如药物、毒物、染料等），在肝内进行适当代谢后，可经肝细胞排泄至胆汁中。肝细胞损害时，上述物质的排泄功能减退。据此，可外源性地给予人工合成色素，测定肝脏清除及排泄能力，靛青绿（ICG）排泄试验常作为肝功能检测项目之一。

静脉注入靛青绿（ICG）后即迅速与白蛋白结合而运转，在通过肝脏时，90％以上被肝细胞所摄取,再以原形排至胆汁中,随胆汁排泄。肝功能障碍时,靛青绿的滞留率(ICGR)增加。从静脉快速注入 ICG,0.5 每千克体重 mg,15min 后从对侧静脉采血测定 ICGR。也可用 ICG 清除率检查仪 RK-1000,通过指端传感器测定之。

2. 检测

(1) 按每千克体重 0.5mg 剂量将靛青绿注射液从动物静脉注入。

(2) 准确记录时间,15min 时从对侧颈静脉取血 4mL 左右,分离血清,注意不可溶血。

(3) 取血清 1mL 加生理盐水 2mL 混合,在 805nm 波长处,以蒸馏水调零,读取吸光度为 A_1。然后加脱色剂 1 滴,混合后立即比色,读取吸光度为 A_2。A_1-A_2 为血清 ICG 的吸光度,查标准曲线即可得出 ICG 的浓度。

(4) 标准曲线绘制:制备 ICGR 标准曲线,按表 3-12 检测。

表 3-12 ICGR 标准曲线绘制检测步骤

加入物(mL)	B	1	2	3	4	5	6
10mg/L ICG 标准液	—	0.1	0.2	0.4	0.6	0.8	1.0
蒸馏水	1.0	0.9	0.8	0.6	0.4	0.2	1.0
正常动物混合血清	1.0	1.0	1.0	1.0	1.0	1.0	1.0
生理盐水	1.0	1.0	1.0	1.0	1.0	1.0	1.0
相当于 ICG 浓度(mg/L)	0	1	2	4	6	9	10

混匀,在波长 805nm 处比色,B 管调零,读取各管的吸光度,并绘制标准曲线。

(5) 计算:

①ICG 注射后 15min 滞留率($R_{15\,ICG}$)(%) $= \dfrac{ICG\ 注射后\ 15min\ 浓度(mg/L)}{ICG\ 注射后零时间浓度(mg/L)} \times 100\%$

②ICG 血中消化率(K_{ICG})在注射后 5min、10min、15min 分别采血,用分光光度计测定每份标本中 ICG 浓度(C_5、C_{10}、C_{15}),以各浓度的对数为纵坐标,时间为横坐标,画于半对数坐标纸上,根据 $\log C$ 和时间(T)的坐标,连成一斜线,交于纵轴为 $\log C_0$,查 $\log C_0$ 的反对数得 C_0,再求 $1/2 C_0$,取 $\log 1/2 C_0$ 在纵轴上得 $\log 1/2 C_0$ 点,通过此点作横轴平行线,交于横轴即得血中 ICG 半衰期($T_{1/2}$),再按下列公式计算 ICG 在血中消失率(K)。

消失率(K)$=0.693/T_{1/2}$(0.693 为 2 的自然对数)

3. 注意事项

(1) 待检测的动物在实验前停止饲喂一切有颜色的物质。

(2) 采血后应及时分离血清,ICG 具有感光性,应避免光照,及时测定。

(3) 此实验安全性较高,ICG 不经过肝肠循环,故受肝外环境影响较少。

(4) ICG 滞留量增高或时间变长,见于可能导致肝损伤的各种疾病,包括小叶中心坏死的脂肪肝、局灶性肝炎、四氯化碳中毒、传染性肝炎等。

(5) ICG 滞留率试验除了能获得肝脏排出染料的数值后,还可以测出血浆容积和估计出肝的血流状况。

【思考题】

(1) 改良咖啡因 J-G 法测定血清胆红素的实验原理是什么？

(2) 血清中各种蛋白含量变化的临床意义是什么？

(3) 双缩脲法测定总蛋白含量的注意事项有哪些？

(4) 丙氨酸氨基转移酶和天冬氨酸氨基转移酶检测的临床意义是什么？

(5) 用酶法测定血清中总胆汁酸的实验原理是什么？

第四章 常见毒物的检验

（一）毒物检样的采取

作为毒物检验的样品，应收集食槽内剩下的可疑饲料、饲草、饮水及可能食入的物质。采样时，固体物质要分别在上、中、下三层采集，混合后取样；液体物质要充分摇匀后采取，大动物的采样数量不得少于0.5kg。

如果上述检样的检验结果呈阳性，并不能直接证明病畜就是检出毒物引起的中毒。因此，还需同时采集病畜的呕吐物、粪、尿、胃肠内容物或脏器。

在进行尸体取样时，剖检场所要保持清洁，所有用作剖检的器械、手套及器皿等，均应事先用水洗净并使之干燥。取样前不得用水冲洗尸体或脏器，以防毒物流失。也不要使用消毒药品，以免混入检样内而影响检验结果。

从尸体中采取何种检样，应根据毒物的种类、中毒的时间及染毒的途径适当选择。经消化道急性中毒死亡的动物，应以胃、肠内容物为主；慢性中毒则应以脏器及排泄物为主。经皮肤染毒的应取染毒部位的皮肤。临床实际中，事前不易预测为何种毒物中毒，故现场取样应尽可能全面，数量要足够，以免事后遗漏而无法弥补。取样种类如下：

（1）胃内容物（大动物不少于0.5kg）。

（2）有明显病变的小肠，连同其内容物一齐取下（大动物不少于0.5m，小动物酌减）。

（3）血液，最好采取心脏血液（大动物不少于200mL，小动物酌减）。

（4）膀胱连同其中的尿液。

（5）肝、肾的一部分，必要时尚需取毛、骨等组织。

（二）毒物检样的运送

各种检样应分别盛于洁净的广口瓶、瓷罐或塑料袋内，尽可能不用金属器皿，注明检样名称，填写送检单。为防止毒物放置过久挥发，或因腐败而被破坏，应尽快送检。检样中勿加防腐剂，在缺乏冷藏条件时，可加无水乙醇防腐，并同时送检所用的乙醇，以供对照。

（三）毒物检样的选择

检验的成败与样品的选取关系很大，应根据检验的方向与范围，选择最适宜的检样作为检验的对象（表4-1）。在不妨碍反应灵敏度的前提下，要尽量节约使用检样，暂时不用的应存放在冰箱中，直到检验工作结束后方可废弃。

表 4-1 常见毒物中毒时适于选取的检样

疑似毒物	呕吐物	胃及胃内容物	肠及内容物	尿	粪	血	肝	肾	骨、牙
氰化物	+	+++		+		+++			
杀鼠药	++	+++	+++	+	+				
生物碱	++	+++		+++			+	+	
有机磷农药	++	+++				++			
砷	++	+++		++	+		+++	++	+
汞及有机汞	+++	+++		+++			++	++	
亚硝酸盐	++	+++		+		++			
氟化物（急性）	++	+++		+		++			
氟化物（慢性）			++						+++

注：+++表示最适宜的检样，++表示较合适的检样，+表示可作检样。

（四）注意事项

样品的采集、运输与保管是进行畜禽疾病实验室诊断的一个重要环节。采集样品的种类，应根据不同的疾病或检验目的，采其相应的脏器、内容物、分泌物、排泄物或其他材料。检查病变与采集病料应统筹考虑。在无法估计病因时，可进行全面的采集。采样时应做好人身防护，严防人畜共患病感染，防止污染环境，防止疾病传播，做好环境消毒和病害肉尸的处理。标本的采集、运送和保管的一般要求总结如下：

1. 适时采样 根据检疫要求及检验项目的不同，选择恰当的采样时机十分重要。样品是有时间要求的，应严格按规定时间采样；有临诊症状需要作病原分离的，样品必须在病初的发热时或症状典型时采样，病死的动物，应立即采样。

2. 合理采样 按照化验要求，需严格按照规定采集各种足够数量的样品外，不同检验目的所需要被检样品各异，应按可能的疾病侧重采样。对未能确定为何种疾病的，应全面采样。

3. 典型采样 选取未经药物治疗、症状最典型或病变最明显的样品，如有并发症，还应兼顾采样。

4. 无菌取样 采集检验样品除供病理组织学检验外，供病原学及血清学等检验的样品，必须无菌检测采样，采样用具、容器均需灭菌处理，尸体剖检需采集样品的，先采样后检查，以免人为污染样品。

5. 适量采样 采集样品的数量要满足化验的需要，并留有余地，以备必要的复检。

实验十八 氢氰酸的检验

【实验目的】掌握氢氰酸中毒的定性和定量检验方法。

【实验准备】

1. 实验动物 氢氰酸中毒病例，或用实验动物（猪）做人工病例复制。

2. 样品采集与处理 氢氰酸很不稳定，因此对送检材料要及时检验，以免挥发难于检出，一般剩余饲料、呕吐物、胃及其内容物为较好的检样，其次是血液。氢氰酸属于挥发性毒物，最常用的分离方法为水蒸气蒸馏法。

3. 器材与试剂 根据各检验方法的要求准备。

【实验内容】

（一）氢氰酸的定性检验

1. 实验器材 定性滤纸、新华滤纸、玻璃容器、量筒、棕色玻瓶、玻棒、微量吸管、25mL滴管等。

2. 实验试剂 酒石酸、碳酸钠、苦味酸、硫酸亚铁、三氯化铁、盐酸。

3. 苦味酸试纸法

（1）原理：氰化物于酸性条件下加热，生成氢氰酸，遇碳酸钠后生成氰化钠，再和苦味酸作用生成异性紫酸钠，呈玫瑰红色。

（2）试剂配制：10%酒石酸溶液（取酒石酸10g，加水到100mL溶解后即成），10%碳酸钠溶液（取无水碳酸钠10g，加水到100mL溶解后即成），苦味酸试纸（将定性滤纸剪成7cm长、0.5~0.7cm宽的小条，浸入1%苦味酸溶液中，取出阴干或吹干备用）。

（3）检测：称取样品10g，置于125mL三角瓶中，加蒸馏水10~15mL，浸没样品，取大小与三角瓶口合适的中间带一小孔的橡皮塞，孔内塞入内径为0.5~0.7cm的玻璃管，管内悬苦味酸试纸一条，临用时滴上1滴10%碳酸钠溶液使之湿润（可使用磨口装置代替橡皮塞），向三角瓶中加10%酒石酸溶液5mL（或0.5g酒石酸粉末），立即塞上带苦味酸试纸的塞，置40~50℃水浴上加热30~40min，观察试纸有无颜色变化。

如有氰化物存在，少量时苦味酸试纸变为橙红色，较多量时为红色。

用苦味酸试纸法进行氢氰酸定性检验时，亚硫酸盐、硫代硫酸盐、硫化物、醛、酮类物质对本反应有干扰，如果出现阳性时需进一步做其他试验，当反应呈阴性结果时，一般情况下可做否定结论。另外，加热温度不宜过高，因过高时产生大量水蒸气，会将试纸条上的试剂淋洗下来，使结果难以观察。

4. 普鲁士蓝反应

（1）原理：氰离子在碱性溶液中与亚铁离子作用，生成亚铁氰化钠，在酸性溶液中，再遇高铁离子即生成普鲁士蓝。

（2）试剂配制：10%硫酸亚铁溶液（新鲜配制），1%三氯化铁溶液，10%盐酸。

（3）检测：取碱性馏液（即水蒸气蒸馏用1%氢氧化钠吸收的蒸馏液）1~2mL，加2~3滴10%硫酸亚铁溶液，摇匀，微温，加1%三氯化铁溶液1滴，再加10%盐酸使之呈明显酸性，如有氢氰酸存在，即产生蓝色，如果氢氰酸含量多时，出现蓝色沉淀；含量少时出现蓝绿色，有时反应不明显，需放置12h以上，蓝色反应才能出现。

5. 氢氰酸及氰化物的快速检验法 本方法不需蒸馏，直接取检样5~10g切细，放在小三角烧瓶内，加水呈粥状，并加酒石酸使之呈酸性，立即在瓶口上盖以硫酸亚铁-氢氧化钠试纸，然后用小火缓缓加热，待三角瓶内溶液沸腾后，去火，取下试纸，浸入稀盐酸中，如检材中含氰化物或氢氰酸时,则试纸出现蓝色斑点。

硫酸亚铁-氢氧化钠试纸制作方法:取定性滤纸一小块,在中心部分依次滴加20%硫酸亚铁和10%氢氧化钠溶液各1滴即成(临用时现制备)。

(二) 氢氰酸的定量分析

1. 实验器材 水蒸气蒸馏装置,25mL棕色酸式滴定管,2mL微量滴定管,50mL容量瓶(棕色),250mL锥形瓶,100mL移液管。

2. 试剂及溶液 除特殊规定外,所用试剂均为分析纯,水为蒸馏水或相应纯度的水。

(1) 氢氧化钠溶液(50g/L):称取5g氢氧化钠,溶于水,加水稀释至100mL。

(2) 氨水(6mol/L):量取400mL浓氨水,用水稀释至1 000mL。

(3) 硝酸铅溶液(5g/L):称取0.5g硝酸铅溶于水,加水稀释至100mL。

(4) 硝酸银标准储备液(0.1mol/L):称取17.5g硝酸银,溶于1 000mL棕色容量瓶中,加水稀释至刻度,混匀,置暗处密闭保存。

标定:准确称取经500~600℃灼烧40~50min至恒重,并在干燥器冷却的氯化钠基准试剂1.5g,准确至0.000 2g。用水溶解,移入250mL容量瓶中,加水稀释至刻度,得到氯化钠标准溶液。移取25mL氯化钠标准溶液至250mL锥形瓶中,加入25mL水,5%铬酸钾溶液1mL,然后用待标定硝酸银溶液滴定至微红色为终点。按下式计算硝酸银标准储备液的浓度:

$$C_0 = \frac{m_0 \times \frac{25}{250}}{V \times 0.058\ 45} = \frac{m_0 \times 0.1}{V \times 0.058\ 45}$$

式中,C_0为硝酸银标准储备液的浓度,mol/L;m_0为氯化钠基准试剂质量,g;V为硝酸银标准储备液用量,mL;0.058 45为与1.00mL硝酸银标准溶液相当的以克表示的氯化钠的质量。

(5) 硝酸银标准滴定溶液(0.01mol/L):使用前将硝酸银标准储备液用煮并冷却的水稀释10倍使用。必要时应重新标定。

(6) 碘化钾溶液(50g/L):称取5g碘化钾,溶于水,加水稀释至100mL。

(7) 铬酸钾溶液(50g/L):称取5g铬酸钾,溶于水,加水稀释至100mL。

3. 硝酸银滴定法 本法适用于饲料原料(木薯、胡麻饼和豆类)、配合饲料(包括混合饲料)中氰化物的测定。

(1) 原理:以氰苷形式存在于植物体内的氰化物经水浸泡水解后,进行水蒸气蒸馏,蒸出的氢氰酸被碱液吸收,在碱性条件下,以碘化钾为指示剂,用硝酸银标准溶液滴定定量。

(2) 检材的采取与处理:采集具有代表性的饲料样品2kg,四分法缩分至250g,磨碎,过1mm孔筛,混匀,装入密闭容器,防止试样变质,低温保存备用。

(3) 检测:

①试样水解:称取10~20g试样于凯氏烧瓶中,精确到0.001g,加水约200mL,塞严瓶口,放置2~4h,使其水解。

②蒸馏:将凯氏试瓶迅速连接水蒸气蒸馏装置。冷凝管下端浸入盛有20mL氢氧化钠溶液的锥形瓶液面下,进行蒸馏,收集蒸馏液150~160mL。馏液中加入10mL硝酸铅溶液,

摇匀，静置 15min，过滤于 250mL 容量瓶中，用水洗涤沉淀物和锥形瓶 3 次，每次 10mL，并入滤液中，加水稀释至刻度，摇匀。

③滴定：准确移取 100mL 蒸馏液至另一锥形瓶中，加入 8mL 氨水和 2mL 碘化钾溶液，混匀。在黑色背景衬托下，用微量滴定管以硝酸银标准滴定溶液滴定至出现混浊时为终点。记录消耗硝酸银标准滴定溶液的体积。

在和试样测定相同的条件下，以蒸馏水做空白试验，记录消耗硝酸银标准滴定溶液的体积。

④结果计算：

$$X = \frac{C(V-V_0)}{m} \times 135\ 000$$

式中，X 试样中氰化物（以氢氰酸计）的含量，mg/kg；m 试样质量，g；C 硝酸银标准滴定溶液浓度，mol/L；V 滴定试样时硝酸银标准滴定溶液消耗体积，mL；V_0 空白试验时硝酸银标准溶液消耗体积，mL；135 000 为 54（1mol/L 硝酸银相当于氢氰酸的质量，mg）×250÷100×1 000。

每个试样取 2 个平行样进行测定，以其算术平均值为结果。结果表示至 1 mg/kg。同一分析者对同一试样同时或快速连续地进行两次测定，所得结果的差值：在氰化物含量小于或等于 50 mg/kg 时，不得超过平均值的 20%；在氰化物含量大于 50 mg/kg 时，不得超过平均值的 10%。

【思考题】

(1) 利用普鲁士蓝反应检测氢氰酸的原理是什么？

(2) 氢氰酸及氰化物的快速检验法的原理是什么？

实验十九　亚硝酸盐的检验

【实验目的】掌握亚硝酸盐中毒的定性和定量检验方法。

【实验准备】

1. 实验动物　猪亚硝酸盐中毒病例，或用实验动物（猪）做人工病例复制。

2. 样品采取及处理　采取可疑的剩余饲料、呕吐物、胃肠内容物及血液等检品约 10g，加蒸馏水及 10%醋酸液数毫升使其呈酸性后，搅拌成粥状，放置约 15min，然后用定性滤纸过滤，所得滤液，用于亚硝酸盐定性试验。

3. 器材与试剂　根据各检验方法的要求准备。

【实验内容】

（一）亚硝酸盐的定性检验

1. 实验器材　注射器、针头、白瓷反应盘、微量滴管、小试管、定性滤纸、玻璃容器、茶色玻璃瓶、血液分光镜等。

2. 实验试剂　冰醋酸、对氨基苯磺酸、酒石酸、甲-萘胺、联苯胺、氰化钾、亚硝酸钠等。

3. 偶氮色素反应（格利斯反应）

（1）原理：亚硝酸盐在酸性条件下，与氨基苯磺酸作用生成重氮化合物，再与甲-萘胺偶合生成一种紫红色偶氮染料。

（2）试剂配制：取氨基苯磺酸 0.5g，注于 150mL 30％醋酸中，为甲液；取甲-萘胺 0.1g，注于 20mL 蒸馏水中过滤，滤液再加 150mL 30％醋酸混合，为乙液；甲、乙液分别保存于棕色瓶中备用，应用前将甲、乙液等量混合，即为格利斯试剂。

（3）检测：取检材 5~10g 加水搅拌振荡数分钟，如有颜色时，加入少量活性炭脱色，取滤液 1~2mL 置于小试管中，然后加格利斯试剂数滴，振摇试管，观察颜色变化。若有亚硝酸盐存在，即显玫瑰色，色之深浅表示亚硝酸盐含量的多少。

注：利用格利斯反应进行亚硝酸盐定性检验的方法灵敏度高，出现阴性反应，可做否定结论；出现阳性反应，需在红色以上，才有诊断价值。本反应也可在白瓷盘上进行，即取格利斯试剂少许于白瓷盘上，加 3~5 滴检液，用小玻璃棒搅匀，如显深玫瑰色或紫红色，即为亚硝酸盐检验阳性。

4. 联苯胺-冰醋酸反应

（1）原理：亚硝酸盐在酸性溶液中，将联苯胺重氮化生成黄色或红棕色醌式化合物。

（2）试剂配制：取联苯胺 10 mg，溶于冰醋酸 10mL 中，加水稀释至 100mL，过滤即成联苯胺冰醋酸溶液，置于棕色玻璃瓶中保存备用。

（3）检测：取检液数滴置于小试管中，加联苯胺冰醋酸溶液数滴（与检液的滴数相等）。如有亚硝酸盐存在，即呈红棕色反应；若亚硝酸盐含量不多，则呈黄色反应。

注：联苯胺-冰醋酸反应也可在白瓷盘上进行，即取检液滴于白瓷盘上，加联苯胺-冰醋酸溶液 1 滴，用小玻璃棒搅匀，如有亚硝酸盐存在，即呈红棕色反应；若亚硝酸盐含量不足，则呈黄色反应。

5. 亚硝酸盐试粉法

（1）原理：同偶氮色素反应。

（2）试剂配制：取酒石酸 8.9g，对氨基苯磺酸 10g，甲-萘胺 0.1g，置乳钵中研成细末，混匀后即为格利斯固体试剂，应密封保存于棕色玻璃瓶中备用。

（3）检测：取检液 2mL 于试管中，加格利斯固体试剂 15~25mg，振荡，如有亚硝酸盐存在，即呈紫红色。但试剂需密封避光保存，若变为红色者，即为失效，不能使用。

6. 高铁血红蛋白检验

（1）原理：亚硝酸根离子在血液中使红细胞内正常的低铁血红蛋白（氧合）氧化为异常的高铁血红蛋白（正铁），从而使血红蛋白失去携氧作用。

（2）检测：取病畜血液 5mL 于试管中，在空气中用力振荡 15min。在有高铁血红蛋白的情况下，血液仍保持棕色，健畜则由于血红蛋白与氧结合而变为鲜红色。

取病畜血液 5mL 于试管中，滴加 1％氰化钾（钠）溶液数滴，在有高铁血红蛋白的情况下，血液立即变为鲜红色。

（3）血液分光镜检查：取病畜血液用水稀释 10~20 倍后置于分光镜上检查，可在红色区 640~650nm 波长处发现高铁血红蛋白的吸收光谱带。当加入 5％氰化钾（钠）溶液数滴后，由于氰化血红蛋白形成，此吸收光带立即消失。但经急救治疗过的家畜，高铁血红蛋白大部分已被还原，故用此法检查宜尽早进行。

（二）亚硝酸盐定量分析

1. 实验器材 分光光度计（有 10mm 比色池，可在 538nm 处测量吸光度），分析天平（感量 0.000 1g），恒温水浴锅，实验室用样品粉碎机或研钵，容量瓶[50（棕色）、100mL、150mL、500mL]，烧杯（100mL、200mL、500mL），量筒（100mL、200mL、1 000mL），长颈漏斗（直径 75~90mm），吸量管（1mL、2mL、5mL），移液管（5mL、10mL、15mL、20mL）。

2. 试剂及溶液

（1）四硼酸钠饱和溶液：称取 25g 四硼酸钠（$Na_2B_4O_7 \cdot 10H_2O$），溶于 500mL 温水中，冷却后备用。

（2）10.6%亚铁氰化钾溶液：称取 53g 亚铁氰化钾[$K_4Fe(CN)_6 \cdot 3H_2O$]，溶于水，加水稀释至 500mL。

（3）22%乙酸锌溶液：称取 110g 乙酸锌[$Zn(CH_3COO)_2 \cdot 2H_2O$]，溶于适量水和 15mL 乙酸中，加水稀释至 500mL。

（4）0.5%对氨基苯磺酸溶液：称取 0.5g 对氨基苯磺酸（$NH_2C_6H_4SO_3H \cdot H_2O$），溶于 10%盐酸中，边加边搅，再加 10%盐酸稀释至 100mL，储于暗棕色试剂瓶中，密闭保存，1 周内有效。

（5）0.1% N-1-萘乙二胺盐酸盐溶液：称取 0.1g N-1-萘乙二胺盐酸盐（$C_{10}OH_7NHCH_2NH_2 \cdot 2HCl$），用少量水研磨溶解，加水稀释至 100mL，储于暗棕色试剂瓶中密闭保存，1 周内有效。

（6）5mol/L 盐酸溶液：量取 445mL 盐酸，加水稀释至 1 000mL。

（7）亚硝酸钠标准储备液：称取经（115±5）℃烘至恒重的亚硝酸钠 0.3g，用水溶解，移入 500mL 容量瓶中，加水稀释至刻度，此溶液每毫升相当于 400μg 亚硝酸根离子。

（8）亚硝酸钠标准工作液：吸取 5.00mL 亚硝酸钠标准储备液，置于 200mL 容量瓶中，加水稀释至刻度，此溶液每毫升相当于 10μg 亚硝酸根离子。

3. 重氮化比色法

（1）原理：样品在微碱性条件下除去蛋白质，在酸性条件下试样中的亚硝酸盐与对氨苯磺酸反应，生成重氮化合物，再与 N-1-萘乙二胺盐酸盐偶合形成红色物质，进行比色测定。

（2）检材的采取与处理：采集具有代表性的饲料样品，至少 2kg，四分法缩分至约 250g，磨碎；过 1mm 孔筛，混匀，装入密闭容器，防止试样变质，低温保存备用。

（3）检测：

①试液制备：称取约 5g 试样，精确到 0.001g，置于 200mL 烧杯中，加约 700mL 温水（60±5）℃和 5mL 四硼酸钠饱和溶液，在水浴上（85±5）℃加热 15min 取出，稍凉，依次加入 2mL 10.6%亚铁氰化钾溶液、2mL 22%乙酸锌溶液，每一步均需充分搅拌。将烧杯内溶液全部转移至 150mL 容量瓶中，用水洗涤烧杯数次，并入容量瓶中，加水稀释至刻度，摇匀，静置澄清，用滤纸过滤，滤液为试液备用。

②标准曲线绘制：吸取 0mL、0.25mL、0.50mL、1.00mL、2.00mL、3.00mL 亚硝酸

钠标准工作液，分别置于 50mL 棕色容量瓶中，加水约 30mL；依次加入 2mL 0.5% 对氨基苯磺酸溶液、2mL 盐酸溶液，混匀，在避光处放置 3～5min，加入 2mL 0.1% N-1-萘乙二胺盐酸盐溶液，加水稀释至刻度，混匀，在避光处放置 15min，以 0mL 亚硝酸钠标准工作液为参比，用 10mm 比色池，在波长 538nm 处，用分光光度计测其他各溶液的吸光度，以吸光度为纵坐标，各溶液中所含亚硝酸根离子质量为横坐标，绘制标准曲线或计算回归方程。

③测定：准确吸取试液约 30mL，置于 50mL 棕色容量瓶中，从"依次加入 2mL 0.5% 对氨基苯磺酸溶液、2mL 盐酸溶液"起，按上法显色和测量试液的吸光度。

④测定结果：计算公式如下：

$$X = m_1 \times \frac{150}{V \cdot m} \times 1.5 = \frac{m_1}{V \cdot m} \times 225$$

式中，X 为试样中亚硝酸盐（以亚硝酸钠计）含量，mg/kg；V 为试样测定时吸取试液的体积，mL；m_1 为 VmL 试液中所含亚硝酸根离子的质量（由标准曲线读得或由回归方程求出），μg；m 为试样质量，g；1.5 为亚硝酸钠质量和亚硝酸根离子质量的比值。

⑤结果表示：每个试样取 2 个平行样进行测定，以其算术平均值为结果。结果表示到 0.1 mg/kg。

⑥重复性：同一分析者对同一试样同时或快速连续地进行两次测定，所得结果之间的差值：在亚硝酸盐含量小于或等于 1mg/kg 时，不得超过平均值的 50%；在亚硝酸盐含量大于 1mg/kg 时，不得超过平均值的 20%。

【思考题】
(1) 亚硝酸盐试粉法快速检验的原理是什么？
(2) 血液分光镜检测亚硝酸盐的原理是什么？

实验二十　食盐（氯化物）的检验

【实验目的】掌握食盐中毒的定性和定量检验方法。

【实验准备】

1. 实验动物　食盐中毒病例，或用实验动物（猪或兔）做人工病例复制。

2. 实验器材　玻璃容器、量筒、棕色玻璃瓶、玻璃棒、移液管、容量瓶、烧杯、滴定管、微量吸管、25mL 滴管、新华滤纸、试纸等。

3. 器材与试剂　根据各检验方法的要求准备。

【实验内容】

（一）食盐（氯化物）的定性检验

1. 实验试剂　硝酸、硝酸银、蒸馏水等。

2. 眼结膜囊内液氯化物检查法

(1) 原理：氯化钠中的氯离子在酸性条件下与硝酸银中的银离子结合，生成不溶性的氯化银白色沉淀。

（2）试剂配制：酸性硝酸银试液，取硝酸银 1.75g、硝酸 25mL，溶于 75mL 蒸馏水即得。

（3）检测：用小吸管吸取眼结膜囊内液少许，放入盛有 2～3mL 水的洁净试管中，加入酸性硝酸银溶液 1～2 滴，如有氯化物存在就呈白色混浊，混浊程度随着氯化物含量的增加而加大。

注：食盐中毒在猪较为多见。食盐的快速、定性检验，常采用眼结膜囊内液氯化物检查法。结合钠离子的检验，会更有利于食盐中毒的确诊。

（二）氯化物定量分析

1. 实验器材　玻璃容器、量筒、棕色玻璃瓶、玻璃棒、移液管、容量瓶、烧杯、滴定管、微量吸管、25mL 滴管、新华滤纸、试纸等。

2. 药物试剂　硝酸、硝酸银、铬酸钾、蒸馏水等。

3. 试剂配制　0.1mol/L 硝酸银溶液：称取硝酸银 17g，加水稀释至 1 000mL，然后用 0.1mol/L 氯化钠标化；0.01mol/L 硝酸银溶液：用已标化的 0.1mol/L 硝酸银溶液稀释；5％铬酸钾溶液。

4. 肝中氯化物含量测定

（1）原理：氯化物与硝酸银作用生成氯化银，当硝酸银稍过量即可与指示剂铬酸钾作用，生成铬酸银砖红色沉淀，以此来判定终点，从硝酸银的消耗量可换算出氯化物的含量。

（2）试剂配制：0.1mol/L 硝酸银溶液：称取硝酸银 17g，加水稀释至 1 000mL，然后用 0.1mol/L 氯化钠标化；0.01mol/L 硝酸银溶液：用已标化的 0.1mol/L 硝酸银溶液稀释至 0.01mol/L 的浓度；5％铬酸钾溶液。

（3）检测：

①样品预处理：取肝组织约 10g，放入一个干净的 50mL 离心管（或小玻璃瓶）中，用干净小剪子剪碎，然后称取 3.0g，放入 15mL 三角瓶中，加蒸馏水 80～90mL，在 30℃ 情况下（夏季可在室温，冬季可用水浴）浸泡 15min 以上，同时用玻璃棒搅拌或用手摇动，然后用定性滤纸过滤到 100mL 容量瓶（或 100mL 刻度量筒）中，用水洗滤纸直至使总体积达到刻度为止。如果滤液无色透明（一般经放血宰杀的猪肝滤液无色），可直接进行下项操作。如果滤液有红色或不透明时，可将滤液转入小烧杯中，加热煮沸 1～2min，然后再用滤纸过滤到 100mL 容量瓶中，加水至刻度。

②制备参比溶液：用 10mL 移液管取 10mL 上项制备的滤液，放入小烧杯中，加入 5％铬酸钾指示剂 0.5mL，以 5mL 滴定管用 0.01mol/L 硝酸银缓缓滴定，当溶液刚刚出现明显砖红色混浊时为止，再加 50mL 左右水稀释，如果经放置片刻砖红色不消失并有红色沉淀生成时，说明已达到终点。如果溶液又变黄，则需要继续用硝酸银滴定，直至砖红色不消失为止，记下样品消耗硝酸银的体积（mL）。再多加 1 滴作为参比溶液。

③样品检测：分别取三份样品，每份 10mL 滤液，各加 0.5mL 5％铬酸钾指示剂，作为正式样品，分别用 0.01mol/L 硝酸银溶液滴定至出现明显砖红色混浊并不消失为止（与参比溶液对照观察）。记录每份样品消耗 0.01mol/L 硝酸银的体积（mL），取其平均值，进行计算。

计算公式：

$$\text{肝中氯化钠含量（\%）} = \frac{0.000\,585 \times a \times d \times 100}{b \times c}$$

式中，a 为滴定时所消耗 0.01mol/L 硝酸银的体积，mL；b 为取来滴定滤过物的体积（即滴定时取样量的体积），mL；c 为取来分析标本的体积（即做分析时取检材的质量），g；d 为滤过物的总体积，mL。

猪正常时肝中氯化物含量（以氯化钠计算）为 0.17%～0.20%，当中毒时可增高至 0.4%～0.6%。鸡正常肝中氯化钠为 0.45%，中毒时肝中氯化钠含量可高达 0.58%～1.88%。

（4）注意事项：

①本法是属于银量法的一种，又称为摩尔法，适用于微量氯化物的含量测定。在用硝酸银滴定时，待全部氯化物都形成氯化银沉淀后，指示剂即与过量的银溶液形成红色的铬酸银沉淀。关于指示剂的用量各文献介绍不一致，一般取样 10mL，滴定液总体积不超过 50～60mL 时，加 0.5mL 指示剂已足够，但如果滴定总体积超过 70mL，甚至达到 100mL 时，可再多加 0.5mL 指示剂。

②滴定液的 pH：用肝脏为检材，如果没有腐败，滤液接近中性，可直接滴定。摩尔法滴定要求的 pH 为 6.5～10.5。如果检材滤液 pH 低于 6.5 时，可加硼砂或碳酸氢钠调整滤液的 pH，高于 7.0 时，再进行滴定。

③取样量和滴定时所使用的硝酸银的浓度：如果取样量较多，此时可用 0.05mol/L 硝酸银滴定。如果取样品 3g 制成 100mL 滤液，取 20mL 进行滴定时，可用 0.02mol/L 硝酸银滴定也可用 10mL 滴定管用 0.01mol/L 硝酸银。

④滴定温度：滴定不能在热的情况下进行，所以经煮沸后的滤液应冷到室温后再进行滴定，因为随着温度升高，硝酸银的溶解度亦增加，因而对银离子的灵敏度降低，所以欲得到良好的结果，必须在室温下进行。

5. 血清氯化物的测定

（1）硝酸汞滴定法：

①原理：用标准硝酸汞溶液滴定血清中的氯化物，以二苯卡巴腙作为指示剂。氯化物与硝酸汞生成溶解但不解离的氯化汞（$HgCl_2$）。当滴定达到终点时，过量的汞离子与二苯卡巴腙作用生成淡紫色络合物，表示已达终点，从消耗的硝酸汞溶液体积可算出氯的含量。

②试剂：

a. 氯化物标准液（100mmol/L）：精密称取恒重氯化钠（AR）5.845g，用去离子水溶解后移于 1L 容量瓶中，稀释至刻度，混匀。

b. 硝酸汞溶液（2.5mmol/L）：称取硝酸汞 $[Hg(NO_3)_2 \cdot H_2O]$ 0.875g，溶于 1L 去离子水（含有浓硝酸 3mL）中，此溶液配制后，放置 2d，经滴定标化后使用。

c. 指示剂：称取二苯胺脲（二苯偶氮碳酰肼，或称二苯基卡巴腙）0.1g，溶于 100mL 95%乙醇中，置于棕色瓶内，放冰箱保存，可使用 1 个月。

③操作：在试管中加入血清（血浆或脑脊液和尿液）0.1mL，加指示剂 1～2 滴，用标化后的硝酸汞滴定至刚呈淡紫红色为止，记录消耗的硝酸汞体积（mL）。如果标本溶血、黄疸、重度浑浊，可取血滤液 1mL 于试管中，加入指示剂 2 滴，用标化后的硝酸汞滴至终点，

并记录硝酸汞的消耗量（mL）。

④计算：

$$血清氯化物浓度（nmol/L）=\frac{测定管硝酸汞溶液的滴定用量（mL）}{标准管硝酸汞溶液的滴定用量（mL）}\times 100$$

⑤注意事项：

a. 全血样品应及时把血清（浆）分离出来，避免发生离子平衡上的偏移和pH变化。

b. 指示剂的选择：用于氯化物测定的二苯胺脲指示剂有两种：一种为二苯基卡巴腙，化学名称为苯基碳偶氮苯（或二苯偶氮碳酰肼），这种指示剂终点明显、稳定。另一种为二苯基卡巴肼，化学名称为二苯基碳酰二肼，这种指示剂终点不太明显，变色迟缓，一旦变色后，又很快形成深色。就灵敏度而言，前者比后者约高3倍，故购买时应选择前者。由于配好的指示剂不稳定，曝光后易变质，故必须置棕色瓶中避光保存，如果变成红黄色则弃之重新配制。

c. pH对显色的影响：此法滴定的标本应为弱酸性（pH 6.0左右），且终点最明显。过酸（pH 4.0以下）时终点不易判断。过碱（pH 9.0）时将出现深红色，pH 8.0时为橙色，pH 7.0时为桃红色，待测标本滴入指示剂后出现淡粉红色，应加0.1mmol/L硝酸数滴使粉红色消失再行滴定。

d. 硝酸汞易潮解，称取时要迅速，配制时必须加入硝酸，否则易形成氧化汞沉淀。但加入硝酸的量应严格控制，过多过少均影响滴定终点。

e. 每天在滴定标本的同时应与定值质控血清一起进行，便于保证质量。

f. 此法完全适用于脑脊液中的氯离子测定。脑脊液标本应清晰透明，如浑浊或含血液，应先离心后去上清液进行测定。

（2）硫氰酸汞比色法：

①原理：标本中的氯离子与硫氰酸汞作用，生成难以解离的氯化汞，并释放出相当量的硫氰酸离子。该离子与试剂中铁离子结合生成橙红色硫氰酸铁，其色泽深度与氯化物的含量成正比。

②试剂：

a. 饱和硫氰酸汞溶液：称取硫氰酸汞（分析纯）2.0g，溶于1L蒸馏水中，室温放置48h，并经常摇动，取上清液应用。

b. 硝酸汞溶液：称取硝酸汞（分析纯）6.0g，用50mL蒸馏水溶解，加入1mL浓硝酸，并加蒸馏水稀释至100mL。

c. 显色应用液：称取硝酸铁[Fe（NO$_3$）$_3$·9H$_2$O]（分析纯）13g，加水约400mL溶解，再加入5mL硝酸汞溶液，最后用水稀释至1 000mL，用塑料瓶存放，置室温保存。

d. 氯化物标准液（100 nmoL/L）：配制方法同硝酸汞滴定法。

e. 空白试剂：称取硝酸铁（分析纯）13g，溶于400mL蒸馏水中，加浓硝酸（分析纯）1.5mL，再稀释至1 000mL。

③操作：取试管4支标明测定管、测定空白管、标准管和试剂空白管，然后按表4-2操作。

上表中各管混匀，置室温10min，在波长460nm处比色，以试剂空白管调零，读取各管的吸光度。

表4-2 氯化物比色测定操作步骤

加入物（mL）	测定管	测定空白管	标准管	试剂空白管
血清	0.05	0.05	—	—
氯标准液	—	—	0.05	—
空白试剂	—	3.0	—	3.0
显色应用液	3.0	—	3.0	3.0

④计算：

$$氯化物浓度（nmol/L）= \frac{测定管吸光度-空白管吸光度}{标准管吸光度} \times 100$$

⑤注意事项：

a. 本法对氯离子并非特异，其他一些卤族元素如F、Br、I与之起同样呈色反应。但是在正常机体中，上述元素含量较低，故可忽略不计。若接受大量含上述离子药物治疗时，可使血清中氯离子测定结果偏高。

b. 本法线性范围较窄（75~125nmol/L）。若血清标本中氯化物含量大于125nmol/L或小于75nmol/L时，应将血清用蒸馏水进行1∶1稀释或将血清用量加大0.5倍后进行检测，其结果乘以稀释倍数或除以标本加水的倍数。

c. 显色应用液的呈色强度与硫氰酸汞和硝酸汞的含量有关。如显色过强，线性范围在125nmol/L以下，要增加硝酸汞的用量，使用前二者要进行调整，使其色泽在460nm波长，10mm光径比色杯测定，吸光值0.4左右为宜。

d. 本法显色温度应不低于20℃。室温过低，易产生浑浊，影响比色。

e. 本法适用于自动生化分析仪，反应条件易控制，所测结果比较理想。若用手工法测定，每批应采用三点标准（70mmol/L、100mmol/L、120mmol/L），可克服校正曲线不通过零点及不同温度呈色不一致而带来测定结果的误差。

f. 每批标本测定，应同时测定正常值和异常值的质控血清，所得只应该在允许误差范围内，否则应寻找原因。

（3）电量分析法：临床化学常用的氯化物测定仪器是一种用电量测定法测定氯化物的专用仪器，国内已有数家仪器厂生产。此法操作简便，也适合常规检验用。

①原理：体液中氯化物的电量滴定法是仪器在恒定的电流和不断搅拌的条件下，以银丝为阳极，不断生成的银离子与氯离子结合，生成不溶性的氯化银沉淀。当标本中氯离子作用完全时，溶液中出现游离的银离子，此时溶液电导明显增加，使仪器的传感装置和计时器立即切断电流并自动记录滴定所需的时间。溶液中氯化物浓度用法拉第常数进行计算（96 487C/mol氯化物）。库仑与滴定时间和电流的乘积成正比。但在实际应用时不测电流，只需准确测定滴定标本所需的时间与测定标准液所需时间进行比较，最后由微处理器自动换算成浓度，数字显示测定结果，单位为mmol/L。

②试剂：

a. 酸性稀释液：取冰醋酸（分析纯）100mL、浓硝酸（分析纯）6.4mL，加于盛有约800mL蒸馏水的1L容量瓶中，用蒸馏水稀释至刻度，此溶液较稳定。

b. 明胶溶液：将明胶（分析纯）6g，水溶性麝香草酚蓝0.1g及麝香酚0.1g，溶解于

1 000mL热蒸馏水中,冷却,并分装于试管中,每管约10mL,塞紧并置冰箱保存。明胶溶液在室温中不稳定,室温过夜后即不能使用。

c. 氯化物标准液(100mmol/L):配置方法同硝酸汞滴定法。

③操作:于滴定杯内加入去离子水0.1mL,酸性稀释液4mL,明胶溶液4滴,调节仪器使读数为零。每天测定前应先用氯化钠标准液校准仪器。校准时,加氯化钠标准液0.1mL,酸性稀释液4mL,明胶液4滴,调节标准读数,使显示值为100mmol/L。同法滴定血清标本,即以0.1mL血清代替标准液,读出测定结果,此为血清氯化物的浓度。

④注意事项:每次测定,银电极用蒸馏水清洗数次后擦干。不同厂家仪器的操作方法和维护保养略有差别,请严格按照说明书进行。

6. 血清钠含量的测定

(1) 火焰原子发射光谱法:

①原理:火焰原子发射光谱法(火焰光度法)是一种发射光谱分析。血清、尿液等生物体液标本经去离子水适当稀释后,由压缩空气经特殊装置喷成气雾,再与可燃气体混合,点燃成火焰。火焰的热度使盐气化。这些盐获得电子被还原生成基态原子Na^0和K^0。基态原子在火焰中被加热,结果生成激发态原子Na^*和K^*。激发态原子瞬间衰变成原来的基态,同时发射出光。钠发射光一般在589nm处监测。溶液中钠含量越多,所发射的光也越强,如将可燃气体与压缩气体的压力、标本液的流速等因素加以调节控制,使之保持一致的条件,则在一定范围内溶液中的钠含量与火焰光度计上显示的读数成正比。用已知含量的标准液与待测标准液对比,即可算出其浓度。

②试剂:

a. 钠标准储存液(200mmol/L):精确称取恒重的氯化钠(分析纯)11.691g,用去离子水溶解后移入1L容量瓶中,再稀释至刻度。

b. 钠标准应用液(低)(钠1.2mmol/L):取200mmol/L钠标准液6mL于1L容量瓶中,用去离子水稀释至刻度(内标法用锂应用液稀释至刻度),储存于塑料瓶中备用。

c. 钠标准应用液(中)(钠1.4mmol/L):取200mmol/L钠标准液7mL于1L容量瓶中,用去离子水稀释至刻度(内标法用锂应用液稀释至刻度),储存于塑料瓶中备用。

d. 钠标准应用液(高)(钠1.6mmol/L):取200mmol/L钠标准液8mL于1L容量瓶中,用去离子水稀释至刻度(内标法用锂应用液稀释至刻度),储存于塑料瓶中备用。

e. 锂储存液(1.5mol/L) 称取硝酸锂103.43g,用去离子水溶解后移入1L容量瓶中,再稀释至刻度。

③操作步骤:

a. 仪器准备:不同型号的仪器操作步骤不完全一样,详见各仪器使用说明书,但应注意以下方面:检查各管道是否接好,注意有无漏气,随即接通电源;排除空气过滤器内的积水;检查压缩空气压力及燃料压力;仪器预热15~20min。

b. 标本准备:全血标本应及时分离出血清。血清用去离子水做1:100稀释。若用内标法测定时,血液标本应用15mmol/L锂应用液进行稀释。稀释后的血液标本,经火焰光度计的样品吸入管进入雾化器。

c. 样本测定主要包括直接测定法和内标准测定法。

直接测定法:调节火焰大小,放入钠滤色片,调节检流计的发射光强度读数到零点和

100%点，分别测定"低、高"钠标准应用液和各测定管，分别记录钠的低、高标准管和各测定管的读数，然后按下列公式计算：

$$钠浓度(mmol/L) = \left[\frac{测定标本读数-低标准读数}{高标准读数-低标准读数} \times (高标准液浓度-低标准液浓度) + 低标准液浓度\right] \times 稀释倍数$$

内标准测定法：具有内标准法的火焰光度计多数能直接显示测定结果，血清用锂应用液（15mmol/L）做1:100稀释。内标准测定法能减少由于火焰不稳定引起的测定误差，可以提高测定精密度和准确度，但是明显的燃气和助燃气压力波动仍会影响测定结果，需严格按照仪器说明书进行操作和维护，才能得到理想的测定结果。

④注意事项：

a. 火焰调节到适宜大小，保持火焰稳定，是保证测定准确性的关键。火焰直径必须保持粗大适宜，才能达到较大的发光面积，检流计才能获得足够的电流，达到最佳检测灵敏度。

b. 仪器应放在平稳的平台上，避免震动、防潮湿、避日晒，最好放在罩内避灰尘。

c. 火焰光度计的各种管道应保持通畅，不得有堵塞或漏气。

d. 严格控制检测过程中的易变因素：燃气的压力，助燃气的压力，标本液进样的速度。

e. 血液样本不能溶血，若遇轻度溶血样本，应在报告单上注明"溶血"字样，以助医师判读结果。

f. 全血样本如不能立即测定应及时分离血清（浆），置于具塞试管内冰箱保存，消除钠在细胞内外转移而造成的血清（浆）钠含量增高的影响因素。

g. 稀释标本时应充分混匀。

（2）钠的酶法测定：

①原理：邻硝基酚-β-D-半乳糖苷（ONPG）在钠依赖性-β-D-半乳糖苷酶催化下生成邻-硝基酚和半乳糖。邻-硝基酚的生成量和样品中钠离子浓度成正比。邻-硝基酚在碱性环境中呈黄色，可在405nm波长处监测吸光度的升高速度，并计算钠的浓度。

②试剂：

a. 试剂Ⅰ（缓冲液/酶）：

Tris缓冲液（pH 9.0）	450mmol/L
穴合剂（Cryptand）	5.4mmol/L
β-D-半乳糖苷酶	≥800 U/L

b. 试剂Ⅱ（底物）：

Tris缓冲液（pH 9.0）	10mmol/L
ONPG	5.5mmol/L

c. 标准液：低值校准液90mmol/L，高值校准液175mmol/L。

③操作：钠的酶法测定已有市售试剂盒，必须严格按照试剂盒说明书进行操作，下列参数与方法供参考：

反应类型	两点速率法
反应方向	反应吸光度上升
主波长	405nm

副波长	660nm
样品量	8μL
试剂 I	200μL
37℃保温 300s 后,	
试剂 II	80μL

在 405nm 波长处监测吸光度的变化,记录第 60 秒吸光度（A_1）和第 180 秒吸光度（A_2）。

④计算：

$$\Delta A = A_1 - A_2$$

$$血清钠浓度（mmol/L）= \frac{测定 \Delta A}{标准 \Delta A} \times 钠标准液浓度$$

⑤注意事项：

a. 原试剂盒储存在 2~8℃,注意有效期。重组成试剂 I 和试剂 II 后,在 2~8℃稳定 2 周。

b. 线性范围：钾的线性范围为 2~10mmol/L,钠的线性范围为 80~180mmol/L。如果测定结果超过线性范围,可用去离子水将血清做 1：1 稀释,测定结果乘以 2。

c. 干扰因素：氨浓度≥500μmol/L、三酰甘油浓度≥8mmol/L 时可影响测定结果。

d. 试剂中加入掩蔽剂穴状化合物,可使血清中钠离子浓度降至 55mmol/L, K^+/Na^+ 选择性可提高至 600：1,从而消除了钠离子的干扰。

e. 许多生化试剂中含有钾离子或钠离子,在做钾、钠测定时,注意分析仪通道间的交叉污染。做钾钠联合测定时,应将钾排在钠之前。

另外,也可以采用生化分析仪测定血清钠。购买钠试剂盒,按照试剂盒说明书的步骤用全自动或半自动生化分析仪测定血清钠的含量。

【思考题】

(1) 采用眼结膜囊内液氯化物检查法检测食盐的诊断价值是什么？

(2) 钠的酶法测定原理是什么？

实验二十一　有机磷农药的检验

【实验目的】掌握有机磷农药中毒的简易定性检验方法。

【实验准备】

1. 实验动物　有机磷农药中毒病例,或用实验动物（猪或羊）做人工病例复制。

2. 实验器材　测瞳尺、瓷反应板、瓷蒸发皿、乳钵、分液漏斗、分液漏斗架、离心机、培养皿、玻璃容器、量筒、棕色玻瓶、玻棒、微量吸管、25mL 滴管、注射器、针头、听诊器、体温计、定性滤纸、新华滤纸、试纸、纱布、脱脂棉、剪刀、解剖器械、载玻片、皮筋等。

3. 实验试剂　次硝酸铋、冰醋酸、碘化钾、间苯二酚、氯仿、氯化乙酰胆碱、溴麝香草酚蓝、无水乙醇、干燥马血清、饱和溴水、0.4mol/L 氢氧化钠液、二氯甲烷、酒石酸、苯、三氯醋酸、无水硫酸钠、弗罗里矽土、丙酮、石油醚、蒸馏水、注射用水等。

4. 样品的采集和处理 常用的被检样品为可疑有机磷中毒动物的剩余饲料、呕吐物、胃肠内容物（活体采取胃肠内容物时如采不出来，可用普通水洗胃；但不能用碱性液体洗胃，以防有机磷水解）。已死亡家畜可采取胃内容物、血液、肝脏等。因皮肤接触中毒致死，可采取血液及接触部位的组织。呼吸道吸入引起的中毒，可采取血液及呼吸系统的组织。

5. 制备检样提取液 有机磷农药的提取是检验成败的关键，提取中要尽量减少毒物的损耗。在提取时，一般极性强的有机磷（如敌敌畏、敌百虫、乐果等）应用极性强的有机溶剂，极性弱的有机磷（如3911、1240、三硫磷等）应用极性弱的有机溶剂，中极性的有机磷（如1605、1059、杀螟松等）应用中极性的有机溶剂。

如果检材较稀薄，可先用丙酮、甲醇等亲水性溶剂浸提、过滤，溶液用2％硫酸钠溶液稀释5～6倍，以降低有机磷在水中的溶解度，然后用己烷或石油醚振摇提取极性较弱的有机磷，用二氯甲烷或氯仿提取极性较强的有机磷，浸提液过滤，滤液自然挥干或在60℃以下水浴浓缩至近干，浓缩液供检验用。

固体或液体检材可用苯、氯仿、二氯甲烷等有机溶剂浸提（50～60℃）1～2h（或放置过夜），过滤，滤液自然挥干或在60℃以下水浴上浓缩至近干，残渣用苯或氯仿再精制一次，挥去溶剂，浓缩液供检验用。

对于杂质较多的提取物，需进一步用柱层析净化。硅胶微型柱法是一种经济有效的净化方法，微型柱的内径为4～6μm，内装1～2g吸附剂，用6％苯己烷、苯或苯：醋酸乙酯（18：1）进行淋洗，用10～20ml 即可达到净化。

【实验内容】

（一）有机磷农药检验

1. 有机磷农药的预试验——碘化铋钾试验

（1）试剂：甲液（次硝酸铋0.85g加水40mL及冰醋酸10mL）；乙液（碘化钾8g溶于20mL水中）。使用时取甲、乙两溶液各5mL，加20mL冰醋酸，60mL水，混合均匀备用。

（2）操作：将样品提取液滴于滤纸上，加上碘化铋钾试液1滴，观察颜色。碘化铋钾可对1605、1059、3911、乐果、敌敌畏等呈红色反应；但对敌百虫不起反应。碘化铋钾试验呈阳性反应，可进行个别有机磷农药的检验。

2. 个别有机磷农药的检验——薄层层析法

（1）原理：利用吸附剂和溶剂对不同有机磷农药的吸附能力和溶解能力强弱不同，用特定溶剂系统展开时，不同化合物在吸附剂和溶剂之间发生连续不断的吸附、解吸附、再吸附、再解吸附的过程，从而达到分离鉴定的目的。

（2）试剂：

①吸附剂：硅胶G硬板，规格为15cm×5cm、14cm×7cm、6cm×12cm（用时自制）。

②展开剂：种类很多，常用的有下列几种：正己烷：丙酮（4：1）；石油醚：丙酮（4：1）；苯：丙酮（9：1）；氯仿：无水乙醇（49：1）；氯仿：丙酮（5：1）；苯：正己烷（4：1）；环己烷：丙酮（4：1）；苯：正己烷：石油醚（6：2：2）；氯仿：正己烷：石油醚（6：2：2）。

③显色剂：常用的有以下几种：

a. 0.1%～0.5%氯化钯溶液：取 0.1～0.5g 氯化钯溶于 100mL 10%的盐酸中（用于检查含硫有机磷农药）。

b. 0.5%邻联甲苯胺乙醇溶液：用于检查含氯有机磷农药，喷雾后在紫外灯下或太阳照射下显色。

c. 2,6-双溴苯醌氯酰亚胺乙醇饱和液：用于检查含硫有机磷农药，喷雾后于110℃加热 10～15min 显色。

d. 间苯二酚-氢氧化钠溶液：1%间苯二酚乙醇溶液与 5%氢氧化钠乙醇溶液，临用时等量混合。用于敌百虫、敌敌畏的检验，喷雾后加热才显色。

(3) 操作：

①点样：毛细管点样，同时需做样品对照和空白对照。

②展开：采用上行展开法。

③显色：展开后的薄层板，从展开槽中取出，放于通风橱中挥去溶剂，待薄层板干后显色。

a. 氯化钯显色：喷雾 0.1%～0.5%氯化钯溶液，如有含硫有机磷农药存在，则立即显出黄色或棕色斑点。含有硝基苯的含硫有机磷农药需在 100℃烘箱加热 20～30min，才显出褐色的斑点（如1059）。此显色方法灵敏度高，无干扰，是含硫有机磷农药比较理想的显色方法。

b. 间苯二酚-氢氧化钠显色：喷雾后，稍加热，含氯有机磷农药（如敌敌畏、敌百虫等）显红色斑点。其他有机磷农药不显色。

c. 邻联甲苯胺显色：喷雾后置紫外线（或阳光下）照射，含氯有机磷农药显黄色或蓝色斑点。

d. R_f 值计算：$R_f = \dfrac{\text{原点到斑点中心的距离}}{\text{原点到溶剂展开前沿的距离}}$。

(4) 结果判定：根据有机磷农药在薄层层析中所显斑点的颜色及 R_f 值的不同，可鉴别多种有机磷农药。常见有机磷农药的 R_f 值见表 4-3。

表 4-3 常见有机磷农药的 R_f 值

农药名称	显色剂	展开剂	斑点颜色	检出限量 (g)	R_f 值	备注
1059	氯化钯	(1)	黄色	0.8	0.32	
		(2)		0.8	0.15	喷雾后即显色
		(3)		0.8	0.50	
1605	氯化钯	(1)	褐色	0.8～1.0	0.60	
		(2)		0.8～1.0	0.40	喷雾后100℃加热30～40min 显色
		(3)		0.8～1.0	0.95	
乐果	氯化钯	(1)	黄色	1.0	0.03～0.5	
		(2)		1.0	0.03	喷雾后即显色
		(3)		1.0	0.10～0.15	

(续)

农药名称	显色剂	展开剂	斑点颜色	检出限量(g)	R_f值	备注
4049	氯化钯	(1)	黄色	2.0	0.65	喷雾后即显色
		(2)		2.0	0.28	
		(3)		2.0	0.80~0.90	
1240	氯化钯	(1)	黄色	0.8	0.64	喷雾后即显色
		(2)		0.8	0.46	
		(3)		0.8	0.82	
3911	氯化钯	(1)	橙黄色	0.5	0.80	喷雾后即显色
		(2)		0.5	0.53	
		(3)		0.5	1.00	
倍硫磷	氯化钯	(1)	橙黄色	0.5	0.25	喷雾后100℃加热30~40min显色
		(2)		0.5	0.26	
		(3)		0.5	0.65	
敌百虫	邻联甲苯胺	(1)	蓝~橘黄	0.5	0.01	喷雾后紫外灯下显色
		(2)				
		(3)	蓝~橘黄	0.5	0.05	
敌敌畏	邻联甲苯胺	(1)	橘黄	1.0	0.10	喷雾后紫外灯下显色
		(2)				
		(3)	橘黄	1.0	0.26	

3. 敌敌畏和敌百虫检验——间苯二酚法

(1) 原理：敌敌畏或敌百虫水解后，产生醛类物质，与间苯二酚反应生成粉红色化合物。

(2) 试剂：1%间苯二酚酒精溶液（临用前配）；5%氢氧化钠酒精溶液。

(3) 操作：在定性滤纸中心，滴加5%氢氧化钠酒精溶液1滴，1%间苯二酚酒精溶液1滴，稍干，滴检液数滴，在烘箱或小火中微微加热片刻，若出现粉红色，即有敌敌畏或敌百虫存在。

或者在试管中加提取液1~2mL，加碳酸钠粉末0.1g，水浴加热使其溶解，加入固体间苯二酚试粉0.1g，水浴微热即呈现红色，放置并出现荧光。本法灵敏度为1~10μg。

(二) 胆碱酯酶活性的检验

1. 酶化学纸片法

(1) 原理：胆碱酯酶能分解乙酰胆碱为胆碱和乙酸，因而降低pH。当有机磷中毒时，抑制了乙酰胆碱酯酶的活性，水解乙酰胆碱产生胆碱和乙酸的能力降低，所以pH升高。根据pH的变化，以溴麝香草酚蓝（BTB）作为指示剂，可以推断有机磷中毒的情况。

(2) 试剂配制：

①乙酰胆碱试纸片：称取氯化乙酰胆碱 1g，溴麝香草酚蓝 0.084g，溶于 95％乙醇中使成 28.6mL。取新华滤纸，剪成 5cm×11cm 的纸条，在上述溶液中浸透后取出晾干，然后剪成 2cm×2cm 的试纸块密封于茶色瓶中，置于干燥器内（或瓶中放一小包原色硅胶）避光保存备用。

②马血清：市售干燥马血清，临用时打开安瓿，用水稀释备用。

③溴水：取 1mL 饱和溴水，加水 4mL 稀释备用。

(3) 检测：用滴管取提取检液 1 滴于白瓷板上，另加马血清 1 滴混合，随即加盖乙酰胆碱试纸片，10~20min 后观察试纸片颜色。若呈绿色或蓝色，是阳性，含有有机磷；若为黄色，则为阴性。同时应做空白对照试验。

2. BTB 全血试纸片法

(1) 原理：有机磷能抑制血中胆碱酯酶分解乙酰胆碱的活性，故胆碱酯酶与乙酰胆碱作用所产生的乙酸亦相应降低，其降低程度，可由 BTB 试纸的颜色变化表示，并能粗略判定有机磷中毒的严重程度。

(2) 试纸片制作：称取溴麝香草酚蓝（BTB）0.14g，用无水乙醇 20mL 溶解，加溴化乙酰胆碱 0.23g（或氯化乙酰胆碱 0.185g），以 0.4mol/L（约 1.6％）氢氧化钠溶液调至黄绿色（pH 约 6.8）。然后将定性滤纸浸入溶液中，待浸透以后取出挂在室温中自然阴干（为橘黄色），进而剪成 2cm×2cm 的试纸块，密封于茶色瓶中，置于干燥器内（或瓶中放一小包原色硅胶）避光保存备用。

(3) 检测：取制备好的试纸片两块，分别放在清洁干燥的载玻片两端，用毛细滴管加病畜被检末梢血 1 滴于一端试纸片中央，另一端试纸片加健畜末梢血 1 滴并行标记。待血滴扩散成小圆斑点后，即速加盖另一清洁干燥玻片，用橡皮筋扎紧，在 37℃恒温箱中（或用体温）保持 15~20min 后，观察血清中心部的色调变化。结果判定见表 4-4。

表 4-4　BTB 全血试纸片法结果判定

内容	红色	紫色	深紫	蓝黑（黑灰）
胆碱酯酶活性	80％~100％	60％	40％	20％
程度	正常	轻度抑制	中度抑制	重度抑制

【注意事项】

(1) 有机磷农药中毒的良好检验样品为剩余饲料、胃肠内容物。血液、尿液及内脏中的有机磷能迅速异化，常难以检出。有机磷农药易水解挥发，特别是 3911、1059 挥发性大，极易水解，采样后要及时进行检验。如不能立即检验，可按每千克样品加入 100~150mL 酒精或苯，置于冰箱内保存备用。

(2) 酶化学纸片法依据 pH 来判定结果，故应避免酸碱的干扰，所用白瓷板要在临用前洗净吹干。

(3) BTB 全血试纸片法中，血液应滴于试纸片中央，血清不可过大或过小，以斑点直径为 0.6~0.8cm 为宜。每头可疑病畜，应做两个标记，以免出现误差。血斑要看反面，看时不要直接对住光线，应与光线成一斜角。玻片及滴管要清洁干燥，防止酸碱干扰。每次测定前，先用健康血检查试纸片，如试纸片加健康血不变蓝，经 30min 后又不变红，表明试纸片失效。

【思考题】

（1）常用来检验有机磷中毒的样品有哪些？

（2）薄层层析法检测有机磷农药的原理是什么？

（3）酶化学纸片法定性检验有机磷农药的原理是什么？

（4）为什么血液、尿液及内脏不宜作为有机磷农药的检验样品？

实验二十二　毒鼠药的检验

【实验目的】 掌握常见致动物中毒的毒鼠药如毒鼠强、氟乙酰胺、安妥等的定性检验方法。

【实验准备】

1. 试液配制

（1）取 200mL 蒸馏水或纯净水于烧杯中，缓慢加入 300mL 优级纯硫酸，边加边搅拌，待溶液温度降低至室温后，用水稀释至 500mL，配制成 60% 的硫酸溶液；将毒鼠强显色剂（每支含 10mL）小心加入，混匀后即为毒鼠强定性液。每份样品使用 5mL。

显色剂与 60% 硫酸也可单独使用，即向样品中加入 2～3 滴显色剂，再加入 5mL 60% 的硫酸。

（2）敌鼠钠盐定性试液包。

（3）安妥定性试纸。

（4）氟乙酰胺定性试液包。

2. 样品处理

（1）无色液体（饮用水等）：样品不需处理，可直接作为样品测定。

（2）其他液体样品（牛奶、豆浆等）：取 1～3mL 放入比色管中，加入 5mL 乙酸乙酯，上下振摇 50 次以上，静置后取上清液测定。

（3）固体（粮食、面粉、毒饵等）或半固体（呕吐物、胃内容物、剩余浓稠饲料等）样品：取 1～3g 放入比色管中，加入 5mL 乙酸乙酯，充分振摇，静置后用滤纸过滤，取澄清液测定。

【实验内容】

（一）毒鼠强的检测

取处理后的样品上清液或滤液 2mL 以上，置于 10mL 比色管中，在（85±5）℃ 的水浴中加热挥干乙酸乙酯，放至室温后，向试管中加入 2 滴毒鼠强显色剂，再加入 5mL 毒鼠强试液（强酸溶液，谨慎操作），轻轻摇动后，将试管放回水浴中，加热 3～5min 取出，观察颜色变化。同时做空白和阳性对照试验。阳性反应为淡紫红色到深紫红色。阴性为试剂本色。检出限量为 5μg。

(二) 敌鼠钠盐的检测

将试纸对折裁开，取处理后的样品溶液 1 滴于一片试纸上（根据对样品的怀疑程度，可等溶液稍干后，追加样品溶液的滴数以提高方法的灵敏度），待溶液稍干后，在滴加样品溶液处滴上 1 滴敌鼠显色剂，如果出现砖红色斑点为强阳性反应，如果出现红色环状为弱阳性反应。检出限量为 5μg。

(三) 安妥的检测

取提取液 1 滴于安妥检测试纸片上，并喷上雾水或用水使纸片湿润，观察试纸颜色变化，呈现黄色，示有安妥存在，检出限量为 0.02mg/g。

(四) 氟乙酰胺的检测

1. 三氯化铁法

(1) 样品处理：无色液体可直接测定。有颜色的液体，可加少量活性炭或中性氧化铝振摇脱色，过滤后测定。固体样品研碎后取 2~5g 加 3 倍于样品重的蒸馏水或纯净水，半流体样品取 2~5g 加与样品等重的蒸馏水或纯净水，振摇提取，过滤，将滤液煮沸浓缩至 1mL 左右测定。中毒动物的残留物或胃内容物样品处理时，应适当加大取样量。

(2) 检测：取待检液 1mL 左右于试管中，加氢氧化钠溶液 10 滴，加盐酸羟胺溶液 5 滴，置沸水中水浴 5min（使其充分水解成氟乙酸钠释放出氨）。取出放冷，加盐酸溶液 9~10 滴（调 pH 至 3~5）后，加三氯化铁溶液 3~10 滴（使其与氟乙酸反应），阳性结果为液体呈粉红色或紫红色，尤其在滴加后的液面上更为明显（检出限量可达 50μg/mL）。测定时做空白对照试验，阴性结果为浅黄或黄色，有些空白对照为黄棕色絮状沉淀，静置后上层液变成无色或仅呈浅黄色。

2. 奈氏试剂法

(1) 奈氏试剂的配制：将 10g 碘化汞和 7g 碘化钾溶于 10mL 水中，另将 24.4g 氢氧化钾溶于内有 70mL 水的 100mL 容量瓶中，并冷却至室温。将上述碘化汞和碘化钾溶液慢慢注入容量瓶中，边加边摇动。加水至刻度，摇匀，放置 2d 后使用。试剂应在棕色玻璃瓶中置暗处保存。

(2) 检测：将水溶性样品溶液 1mL 于小试管中，加入 1mL 奈氏试剂，如含有氟乙酰胺，会出现黄红-橙棕色沉淀，同时做空白对照试验，20min 即可报告结果。检出限量为 50μg/mL。

注意事项：氨对本方法有干扰。试剂必须避光保存。

(五) 磷化锌的检测

磷化锌的检测较为复杂，要先经硝酸银法预试为阳性后，再进行磷和锌的检验，均呈阳性时，可判断磷化锌的存在。一般情况下，可疑物呈深灰色或近似黑色，经酸溶解如果释放出蒜臭味，即可考虑可能含有磷化锌的存在，可送实验室做进一步的验证。

1. 样品采集 样品以动物吃剩的饲料、呕吐物、胃组织及胃内容物为最好。如系胃组织，可仔细刮取黏膜上的黑色可疑物进行检验，或将胃组织在乙醇中反复漂洗，使黑色粉末状物体沉淀于容器底部，倾去乙醇液，取黑色物做检验；如系稀薄的胃液或呕吐物，可放置或离心后，取其沉淀物进行检验；如系饲草或粮食，可用过筛或水洗的方法，收集筛下物或沉淀物进行检验。

2. 磷化氢的检验

（1）原理：磷化锌遇酸分解产生磷化氢，磷化氢与溴化汞（氯化汞）作用，生成鲜黄色物质。这是磷化锌的一个特性，要确定是否存在磷化锌，首先必须检验磷化氢。

（2）试剂：10%盐酸溶液、醋酸铅棉花、溴化汞试纸。

（3）检测：取5~10g检材加少量水使之呈稀粥状，放入100mL锥形瓶中，加10%盐酸5mL，呈明显酸性，瓶口接一装有醋酸铅棉花的玻璃管，管口盖以溴化汞试纸，微温（50℃左右）加热30min，试纸显鲜黑黄色为阳性。

3. 锌的检验 将做完磷化氢检验后的检材过滤或离心后，体外检材可直接进行下列反应，体内检材则需将溶液蒸干，置残渣于坩埚内，先在电炉上加热使其炭化，再置高温炉600℃左右使其灰化，放冷。残渣加水5~10mL溶解，加稀醋酸酸化，过滤，滤液进行下列反应。

（1）双硫腙反应：双硫腙和许多重金属的盐类起作用，生成溶于氯仿或四氯化碳而不溶于水的有色内络盐，但在强碱性（pH>11）的条件下，只有锌能与双硫腙作用，并生成可溶于水的红色内络盐。

①试剂：10%氢氧化钠溶液、双硫腙试剂（1~2mg双硫腙溶于100mL四氯化碳或氯仿中）。

②检测：取上述滤液1mL加氢氧化钠溶液至所生成的沉淀溶解为止，加双硫腙试剂1mL，猛烈振摇，如有锌存在，水层显红色。

（2）亚铁氰化钾反应：锌离子与亚铁氰化钾作用生成不溶于稀酸而溶于碱液的亚铁氰化锌沉淀。若试剂过量时，则生成更难溶的白色亚铁氰化锌钾沉淀。

①试剂：5%亚铁氰化钾、稀盐酸、10%氢氧化钠。

②样品检测：取滤液1mL，加5%亚铁氰化钾，如有磷化锌存在，即产生白色沉淀，倾去上清液，把沉淀分成两份，分别加稀盐酸和10%氢氧化钠观察溶解情况。

（3）硫氰汞锌结晶反应：锌离子在微酸性溶液中与硫氰汞铵生成十字形锯齿状结晶。

①试剂：硫氰汞铵试剂（氯化汞4g，硫氰酸铵9g，加水50mL）。

②检测：取检液1滴于载玻片上，加硫氰汞铵试剂1滴，置显微镜下观察，可见无色透明的十字形锯齿状结晶。

【注意事项】

1. 毒鼠强测定

（1）空白对照试验，是取与检样相同（不含毒鼠强）的物质，与检样同时操作，以便观察对比。对于呕吐物、胃内容物等样品，一定要加阳性对照试验。

（2）有些样品的提取液带有较深的颜色，应加大提取液的用量，在提取液中加少量活性炭或中性氧化铝，振摇脱色，过滤，滤液挥干测定。经过脱色的样品，毒鼠强会有一些损失，一般在30%~40%。

（3）本方法为快速筛选方法，工作中可根据实际情况加大样品和乙酸乙酯用量。提取后的乙酸乙酯应尽量少含水分（一是不易挥干，二是水分中可能会含有糖、纤维素等成分，干扰测定），如果含的水分多，可加入无水硫酸钠进行脱水后过滤，并将乙酸乙酯挥干后测定。

（4）本方法不适于血液和组织器官样品的测定。

（5）醛类物质对测定有干扰。排除方法：液体样品加热煮沸 2min，固体样品置 90℃烘箱加热 30min 后再测定。

（6）毒鼠强的检测目前无国家标准分析方法，对重要病例的处理要慎重，应采用气相或液相色谱做进一步对照确定。对于中毒病例，还可参考中毒者的症状。

（7）毒鼠强显色剂有效期 1 年，阳性对照试验无反应时不可再用。

2. 氟乙酰胺测定（三氯化铁法）

（1）加盐酸溶液 9 滴后要用 pH 试纸测试溶液 pH，若 pH 太高，加入三氯化铁溶液时可产生红棕色沉淀，影响结果判定，造成假阳性结果；若 pH 太低，加入三氯化铁溶液后氟乙酰胺显色不敏锐或不显色，易造成假阴性结果。pH 可用氢氧化钠溶液和盐酸溶液反向调整。

（2）空白对照试验：取与检样相同（不含氟乙酰胺）的物质与检样同时操作，进行观察对比。对于呕吐物、胃内容物等样品，应做阳性对照试验。

（3）本方法不适于血液和组织器官样品的测定。

（4）氟乙酰胺的检测目前无国家标准分析方法，对重要病例的处理要慎重，应采用气相或液相色谱做进一步对照确定。对于中毒病例，还可参考中毒者的症状。

（5）三氯化铁溶液放置时间长时会有少量沉淀产生，摇匀后使用。组合试剂的有效期为 1 年，阳性对照试验无反应时不可再用。

【思考题】

（1）为什么只检查磷化氢不能确定磷化锌的存在？

（2）双硫脲反应的关键条件是什么？为什么？

（3）毒鼠强测定的注意事项是什么？

实验二十三　氟的检验

【实验目的】 掌握动物氟中毒检验中检材的采取、处理及无机氟的检验方法。

【实验准备】

1. 实验动物　氟中毒病例，或用实验动物做人工病例复制。

2. 实验器材　镍坩埚、马福炉（即高温炉）、PHS-2 型酸度计（或离子活度计）、氟离子选择电极、饱和甘汞电极、电磁力搅拌器、干燥箱等。所用玻璃及塑料器皿，用前要在 20％硝酸溶液中浸泡过夜，然后取出用蒸馏水反复冲洗，最后用去离子水冲洗。

3. 检样采取与处理　正常机体中含有微量的氟，因此对慢性中毒的诊断应进行含量测定，当含氟量达到中毒量时方能证明为氟中毒。动物体的骨、牙及尿液为最好检材。活体动物可手术取一小段肋骨。尿液最好能取 24h 尿液混合后取样；也可在清晨取尿，装入清洁的塑料瓶内，待检。

为了查清毒物的来源，可取饮水、饲草或饲料及当地土壤为检材。

水样可直接进行检验，其他检材可用灰化法提取。饲草如用电极法测试，可不经灰化。含有机质的半固体检材，要先在水浴上挥干后再进行灰化。

利用氟化氢与钙（或镁）结合成稳定的钙盐（或镁盐），而不致使氟在高温下挥发的特性，进行高温烧灼以破坏有机质。

4. 无机氟的提取与处理 植物样品在90℃以下，烘干6h，粉碎，过40目筛。骨骼与牙齿应先剔尽附着的软组织，在105℃烘干48h以上（时间长一些易于剪碎），用骨钳剪成芝麻大小的碎粒，并用石油醚脱脂，挥尽石油醚。精确称取备检样品2g于清洁干燥至恒重的坩埚中，用1∶3氢氧化钙或5%醋酸镁溶液，把样品均匀润湿，先用小火烘干，再加热使其炭化至不冒烟，然后放入预先加热至300℃的马福炉中，在600℃下烧灼（植物样品6h，骨、牙组织8～12h），得到白色或灰色粉末。待冷却后，精确称出所得粉末的重量，移入玻璃缸中，碾成细粉，装于塑料瓶中备用。

5. 实验试剂 根据采用检验方法的要求准备。

【实验内容】

氟化物的测定方法有比色法和离子选择性电极法。比色法具有灵敏度高、色泽稳定、重现性好、结果准确的特点。离子选择电极法测定范围宽，干扰小，简便，但氟含量低时，会出现非线性关系。因此，对于含量较高、变化范围较大、干扰大的饲料可选用离子选择性电极法。对于含量低的物质宜选用比色法测定。

（一）水含氟量的测定（茜素磺酸锆比色法）

1. 原理 在酸性溶液中，茜素磺酸钠与锆盐形成红色螯合物，当氟离子存在时，夺取锆离子，生成无色难游离的氟化锆离子（ZrF_6^{2-}），而释出黄色的茜素磺酸，因此溶液的颜色随氟化物含量的增加而由红变黄。根据颜色变化进行比色定量。

2. 试剂及溶液

(1) 1∶3氢氧化钙混悬液或5%醋酸镁溶液，盐酸（AR）。

(2) 茜素磺酸锆混合试剂：取48.4g经100℃干燥2h的焦硫酸钾（化学纯，$K_2S_2O_7$）研细，加0.168g茜素磺酸钠（即茜素红S）和0.108g氯氧化锆（分析纯，$ZrOCl_2 \cdot 8H_2O$），充分研细混匀，再加14.6g硼酸（分析纯，H_3BO_3）和24.34g乳糖（化学纯）充分研磨混合均匀，避光防潮保存。

(3) 氟化钠标准溶液：取0.221 0g干燥氟化钠（优级纯，NaF），蒸馏水溶解并稀释至100mL，摇匀后从中吸取10.0mL于1 000mL容量瓶中，加蒸馏水稀释至刻度，得此液1.00mL=0.010mg氟。

(4) 总离子强度缓冲液：取无水醋酸钠（CH_3COONa）82.0g，柠檬酸钠（$Na_3C_6H_5O_7 \cdot 2H_2O$）14.7g共溶于800mL水中，用冰乙酸调节pH至5.2，加水至1 000mL。

(5) 0.6mol/L硝酸。

(6) 0.5mol/L氢氧化钠液。

(7) 氟标准溶液：配成1mL=100μg氟的标准液（配制方法同上）。

(8) 5%醋酸镁溶液。

(9) 假骨（牙）灰样溶液：①取无水氧化钙52g，溶于200mL水中。②取磷酸氢二钠1g，氧化镁0.7g，用0.6mol/L硝酸400mL溶解。将①、②二液混合，再加磷酸18mL，加水至 1 000mL。

(10) 0.05mol/L 硝酸和 0.2mol/L 硝酸。

(11) 0.1mol/L 氢氧化钾溶液。

(12) 4mol/L 硝酸钾溶液。

(13) 总离子强度缓冲液：取柠檬酸钠 117.6g，无水醋酸钠 82.04g，溶于 600mL 水中，在酸度计上用 10mol/L 硝酸调 pH 为 5.5，再加水至 1 000mL。

3. 测定方法

(1) 标准色阶的制备：取成套的 10mL 比色管 7 支，分别加氟化钠标准溶液（1.00mL＝0.010mg 氟）0mL、0.1mL、0.5mL、0.7mL、1.0mL、1.5mL、2.0mL，加蒸馏水至 10mL 刻度，按下述水样测定方法操作。将反应 10min 的颜色印制成标准色阶，则氟浓度为 0.0、0.1、0.5、0.7、1.0、1.5、2.0mg/L。

(2) 取水样于 10mL 比色管至刻度，准确加入茜素磺酸锆混合试剂 90mg（用定量药勺或定量包装），振摇溶解，放置 10min，与标准色阶或标准比色列比色。取与标准色阶相似浓度或按下式计算：

$$氟含量（mg/L）=\frac{标准溶液的体积（mL）\times 0.01\times 1\,000}{水样体积（mL）}$$

(3) 说明：

①灵敏度为 0.1mg/L，超过 2.0mg/L 的水样应经稀释后再测。比色时间要控制在 10min。

②本法为退色反应，试剂加入量的多少对测定结果影响很大。所以在配制试剂时一定要充分研磨混合均匀。加入试剂量必须准确一致，除采用定量药勺或定量包装外，还可打成定量的片剂。

（二）扩散-氟试剂比色法（BG5009.18—85）

1. 原理 氟化物在扩散盒内与酸作用，在 55℃恒温下，产生氟化氢气体，经扩散被氢氧化钠吸收。氟离子与硝酸镧氟试剂在适宜 pH 下生成蓝色三元络合物，其颜色强度与氟离子浓度成正比，用或不用含胺类有机溶剂提取，与标准系列比较定量。

2. 仪器与器皿

(1) 塑料扩散盒：内径 4.5cm，深 2cm。盖内壁顶部光滑，并带有凸起的圈（盛放氢氧化钠吸收液用），盖紧后不漏气。其他类型塑料盒亦可使用。

(2) 恒温箱（55±1℃），分光光度计，100mL 分液漏斗，10mL 带塞比色管。

3. 试剂

(1) 1mol/L 氢氧化钠-乙醇溶液：4g 氢氧化钠溶于乙醇中，并稀释至 100mL。

(2) 2％硫酸银-硫酸溶液：2g 硫酸银溶于 100mL 3∶1 的硫酸中。

(3) 1mol/L 乙酸溶液：取 3mL 冰乙酸，用水稀释至 50mL。

(4) 茜素氨羧络合剂溶液：取 0.19g 茜素氨羧络合剂，加少量水及 1mol/L NaOH 溶解。加 0.125g 乙酸钠，用 1mol/L 乙酸调节 pH 为 5.0（红色），加水稀释至 500mL，置冰箱内保存。

(5) 25％乙酸钠溶液。

(6) 硝酸镧溶液：取 0.22g 硝酸镧，用少量 1mol/L 乙酸溶解，加水至 450mL，用 25% 乙酸钠调节 pH 为 5.0，再稀释至 500mL，置冰箱内保存。

(7) 缓冲液（pH 4.7）：称取 30g 无水乙酸钠，溶于 400mL 水中，加 22mL 冰乙酸，再用冰乙酸调节 pH 为 4.7，然后加水稀释至 500mL。

(8) 丙酮。

(9) 二乙基苯胺-异戊醇溶液（5∶100）：量取 25mL 二乙基苯胺溶于 500mL 异戊醇中。

(10) 10% 硝酸镁溶液。

(11) 1mol/L NaOH 溶液：称取 4g 氢氧化钠，溶于水并稀释至 100mL。

(12) 氟标准溶液：精密称取 0.221 0g 经 100℃干燥 4h 并冷后的氟化钠，溶于水，移入 100mL 容量瓶中，加水至刻度，摇匀，置冰箱中保存。此溶液每 1mL 相当于 1.0mg 氟。

(13) 氟标准使用液：吸取 1mL 氟标准溶液置于 200mL 容量瓶中，加水至刻度，摇匀。此溶液每 1mL 相当于 5μg 氟。

4. 操作方法

(1) 扩散单色法：

①取塑料盒若干个，分别于盒盖中央加 0.2mL 1mol/L NaOH 乙醇溶液，在圈内均匀涂布，于 55℃恒温箱中烘干，形成一层薄膜，取出备用。

②称取 1.0g 过 40 目筛的饲料样品于塑料盒内，加 4mL 水，使样品均匀分布。加 4mL 2% 硫酸银-硫酸溶液，立即盖紧，轻轻摇匀，切勿将酸溅在盖上，置（55±1）℃恒温箱内保温 20 h。

③加 0μg、2μg、4μg、6μg、8μg、10μg 氟于塑料盒内，补加水到 4mL，各加 4mL 2% 硫酸银-硫酸溶液，立即盖紧，轻轻摇匀。勿将酸溅在盖上，在（55±1）℃恒温箱内保温 20 h。

④将盒取出，取下盒盖。分别用 20mL 水少量多次地将盒盖内 NaOH 薄膜溶解，用滴管小心完全地移入 100mL 分液漏斗中。

⑤分别在分液漏斗中加 3.0mL 茜素氨羧络合剂溶液，3.0mL 缓冲液，8.0mL 丙酮，3.0mL 硝酸镧溶液，13.0mL 水，混匀，放置 10min，加入 10.0mL 5% 二乙基胺-异戊醇溶液，振摇 2min，待分层后，弃去水层，分出有机层，用滤纸过滤于 10mL 带塞比色管中。

⑥用 1 cm 比色杯于 580 nm 处，以零管为参比，读出吸光度，并绘制工作曲线，求出样品氟含量。

⑦结果计算：

$$氟含量（mg/kg）= \frac{A}{M}$$

式中，A 为测定用样品中氟的质量，μg；M 为样品质量，g。

(2) 扩散复色法：

①、②、③同扩散单色法。

④将盒取出，取下盒盖，用 10mL 水分次将盒盖内氢氧化钠薄膜溶解，用滴管小心完全地移入 25mL 比色管中。

⑤分别于带塞比色管中加 2.0mL 茜素氨羧络合剂溶液，3.0mL 缓冲液，6.0mL 丙酮，

2.0mL 硝酸镧，再加水稀释至刻度，混匀。放置 20min，用 3cm 比色杯，在 580nm 波长处，以零管作参比测其吸光度，绘制工作曲线并加以比较。

⑥结果计算：同扩散单色法。

（三）灰化蒸馏-氟试剂比色法

1. 原理 样品加硝酸镁固定氟，经高温灰化后，在酸性条件下，蒸馏分离氟，蒸馏的氟被氢氧化钠吸收，氟与氟试剂、硝酸镧作用形成蓝色三元络合物，与标准比较定量。

2. 仪器与器皿 蒸馏装置，电热恒温水浴锅，电炉（80W），分光光度计，高温炉。

3. 试剂

(1) 1mol/L 盐酸：取 10mL 盐酸，加水至 120mL。

(2) 10％氢氧化钠。

(3) 10％硝酸镁溶液。

(4) 酚酞指示剂：1％乙醇溶液。

(5) 其他试剂和溶液配制均见扩散单色法。

4. 操作方法

(1) 称取样品 5.0g 于 30mL 坩埚内，加 5mL 10％硝酸镁溶液和 0.5mL 10％氢氧化钠溶液，混匀后浸泡 0.5h。置水浴上蒸干，低温炭化至不冒烟为止。移入高温炉内，600℃灰化 6h，取出，放冷。

(2) 蒸馏：

①于坩埚内加 10mL 水，将数滴硫酸（2∶1）慢慢加入坩埚中，中和至不产生气泡为止。防止溶液溅跳。将此液移入 500mL 蒸馏瓶中，用 20mL 水数次洗涤坩埚，并入蒸馏瓶中。

②在蒸馏瓶中加 60mL 硫酸（2∶1），数粒无氟玻璃珠，接好蒸馏装置，加热蒸馏。馏出液用事先盛有 5mL 水、7～20 滴 10％NaOH 和 1 滴酚酞指示剂的 50mL 烧杯吸收。当蒸馏瓶内温度上升到 190℃时停止蒸馏（整个蒸馏时间 15～20min）。

③取下冷凝管，用滴管加水洗涤冷凝管数次，合并于烧杯中。将吸收液移入 50mL 容量瓶中，用少量水洗烧杯 2～3 次，合并于容量瓶，用 1mol/L 盐酸中和至红色刚好消失。用水稀释至刻度，混匀。

④吸取 0.0mL、1.0mL、3.0mL、5.0mL、7.0mL、9.0mL 氟标准使用液（5μg/mL）于蒸馏瓶中，补加水 30mL，以下操作同②和③。此蒸馏标准液每 10mL 相当于 0.0μg、1.0μg、3.0μg、5.0μg、7.0μg、9.0μg 氟。

(3) 比色：分别吸取标准蒸馏液和样品蒸馏液 10mL 于 25mL 带塞比色管中，以下同扩散复色法中的⑤显色测定。

5. 结果计算

$$氟含量（mg/kg）=\frac{A\times V_2}{V_1\times m}$$

式中，A 为测定样液中氟分含量，μg；V_1 为比色时吸取蒸馏液体积，mL；V_2 为蒸馏液总体积，mL；m 为样品质量，g。

（四）氟离子选择电极测定法

1. 原理 氟离子选择电极的氟化镧单晶膜对离子产生选择性的对数关系。氟电极与饱和甘汞电极在被测试液中，电位差可随氟离子活度的变化而变化，其规律符合能斯特方程式：

$$E = E_0 - \frac{2.303RT}{F} \log G_F^{-1}$$

E 与 $\log G_F^{-1}$ 呈线性关系。$2.303RT/F$ 为直线斜率，25℃时为 59.16。

与氟离子形成络合物的 Fe^{3+}、Al^{3+} 及 SiO_3^{2-} 等离子能干扰测定。

测量溶液的酸度为 pH 5～6，用总离子强度调节缓冲液，可消除干扰离子及酸度的影响。

2. 仪器与器皿 氟电极、甘汞电极、磁力搅拌器、精密离子活度计（精度 0.1mV）。

3. 试剂 本方法所用水均为离子水，全部试剂储存于聚乙烯塑料瓶中。

（1）3mol/L 乙酸钠溶液：称取 204g 乙酸钠（$CH_3COONa \cdot 3H_2O$），溶于 300mL 水，加 1mol/L 乙酸调节 pH 至 7.0，加水稀释 500mL。

（2）0.75mol/L 柠檬酸钠溶液：称取 110g 柠檬酸钠（$Na_3C_6H_5O_7 \cdot 2H_2O$）溶于 300mL 水中，加 14mL 高氯酸，再加水稀释至 500mL。

（3）总离子强度调节缓冲液：取 300mol/L 乙酸钠溶液与 0.75mol/L 柠檬酸钠溶液等量混合，临用时配制。

（4）1mol/L 盐酸：10mL 盐酸用水稀释至 120mL。

（5）氟标准溶液：同扩散-氟试剂比色法。

（6）氟标准使用溶液：吸取氟标准溶液逐步反复稀释至每 1mL 相当于 1μg 氟。

4. 操作方法 称取 1.0g 过 40 目筛的样品于 50mL 容量瓶中，加 10mL 1mol/L 盐酸，密闭浸泡提取 1h。经常摇动。尽量避免样品粘于瓶壁上。提取后加 25mL 总离子强度调节缓冲液，加水至刻度，摇匀备用。

吸取 0.0mL、1.0mL、2.0mL、5.0mL、10.0mL 氟标准使用液（相当于 0.0μg、1μg、2μg、5μg、10μg 氟），分别置于 50mL 容量瓶中，于各容量瓶中分别加入 25mL 总离子强度调节缓冲液，10mL 1mol/L 盐酸，加水至刻度，摇匀。

将氟电极和甘汞与精密离子活度计的负端和正端相连接，电极插入盛水的 25mL 塑料杯中，置于电磁搅拌器上，加入用聚乙烯管包裹严实的小铁棒，搅拌，读取平衡电位值，更换 2～3 次水后，待电位平衡后，可进行样液的电位测定。当氟浓度低于 0.1μg/mL 时，响应时间约需 10min；浓度高于 0.1μg/mL 时只需几分钟即可达到电位平衡。

以电极电位为纵坐标，氟离子浓度为横坐标，在半对数坐标纸上绘制工作曲线，求出样品中氟的含量。

5. 结果计算

$$氟含量（mg/kg） = \frac{A \times 50}{m}$$

式中，A 为测定样液中氟的浓度，μg/mL；m 为样品质量，g；50 为样液总体积，mL。

此法较快速，也可避免灰化过程所引入的误差。但样品中尚有微量有机氟。如欲测定总氟量时，可将样品灰化后，使有机氟转化为无机氟，再行测定。

氟离子选择性电极在每次使用前，先用水洗至电位 340mV 以上（不同厂家生产的氟电极，其要求不一致，如有的产品要求在 340mV 以上，有的产品要求为 260mV 以下），然后浸在含低浓度氟（0.1mg/L 或 0.5mg/L）的 0.4mol/L 柠檬酸钠溶液中适应 20min，再洗至 320mV 后进行测定。以后每次测定均应洗至 320mV，再进行下一次测定。经常使用的氟电极应浸在去离子水中，若长期不用，则应干燥保存。

塑料及玻璃仪器在使用前需用 1∶1 盐酸及水淋洗。

6. 标准曲线绘制　取 25mL 比色管 7 支，操作顺序按表 4-5 进行。

表 4-5　绘制氟标准曲线操作顺序

项　目	1	2	3	4	5	6	7
氟标准溶液加入量（mL）	0.25	0.4	0.63	1.00	1.60	2.50	4.00
假骨牙溶液加入量（mL）	2	2	2	2	2	2	2
总离子强度缓冲液（mL）	2	2	2	22	2	2	2
0.5mol/L 氢氧化钠液（mL）	2	2	2	2	2	2	2
去离子水加至（mL）	25	25	25	25	25	25	25
氟浓度（μg/g）	250	250	250	250	250	250	250
含氟量（μg）	25	40	63	100	160	250	400

以上各管混匀后，分别倒入 50mL 烧杯中，将酸度计（或离子活度计）按使用说明书上调节好，并接好氟电极、甘汞电极，将电极插于待测液中，打开磁力搅拌器的开关和酸度计的读数开关开始计时，搅拌 5～10min，于静态读取电位值（-mV），在半对数坐标纸上，以电位值为纵坐标（算术坐标），以氟浓度为横坐标（对数坐标），绘制标准曲线。

【思考题】
(1) 简述茜素磺酸锆比色法测量水中氟离子的原理及注意事项。
(2) 简述扩散-氟试剂比色法测定氟离子的原理及注意事项。
(3) 简述灰化蒸馏-氟试剂比色法测定氟离子的原理及注意事项。
(4) 简述氟离子选择电极法测定氟离子的原理及注意事项。

实验二十四　铅的检验

【实验目的】掌握样品中铅含量的检测方法。

【实验准备】

1. 检样的采取与处理　急性中毒病畜以血液、尿液、呕吐物、粪、剩余饲料为检材。中毒时间较长者，取肝、肾、脑、骨为宜。检材需做有机质破坏，如有机质含量不多，可直接灼烧，残渣用 5% 硝酸在水浴上溶解，供检。

2. 器材与试剂　根据各检验方法的要求准备。

【实验内容】

(一) 双硫腙法

1. 原理 在氨性条件下，用氰化钾消除其他金属干扰，用柠檬酸控制 pH 在 9.0 左右，铅与双硫腙生成红色络合物。本试验是铅的专属反应（可检出 $0.04\mu g$ 铅）。

$$2S=C\begin{matrix}NH-NH-C_6H_5\\N=N-C_6H_5\end{matrix} + Pb^{2+} \longrightarrow S=C\begin{matrix}C_6H_5\\|\\NH-N\\|\\N=N\\|\\C_6H_5\end{matrix}Pb^{2+}\begin{matrix}C_6H_5\\|\\N-NH\\|\\N=N\\|\\C_6H_5\end{matrix}C=S$$

红色

2. 试剂 浓硝酸，高氯酸，0.1%双硫腙氯仿溶液，掩蔽剂（氰化钾及柠檬酸各 1g，溶于 25mL 氨水中，加水稀释至 100mL）。

3. 操作 取 5g 样品，置于 125mL 锥形瓶中，加浓硝酸 100mL，加热至呈黑色稠状，停止加热，稍冷，沿瓶壁滴加高氯酸 5mL，再加热至冒白烟，放置冷却。

取消化液 2mL 于试管中，加掩蔽剂 1mL，加 0.1%双硫腙氯仿溶液 1mL，充分振摇，观察氯仿层的颜色变化。若氯仿层出现樱红色，表示有铅；若 30min 无变化为阴性。

因 0.1%双硫腙氯仿溶液不易保存，还可用粉剂法，即取粉剂少量于白瓷反应板凹窝中，加 95%乙醇湿润，加检液 5～10 滴，搅匀，若含有铅，溶液呈紫红至鲜红色。本法灵敏度为 40mg/kg。

粉剂的制法是取消化液 0.005g，无水氰化钾 0.5g，无水硼砂 10g，混合研匀，密闭保存（无水硼砂的制备为在瓷皿中加热熔融，成为膨胀多孔物质，放干燥器冷却，粉碎后密闭保存）。此外氰化钾和双硫腙在使用前也需置于干燥器中干燥。

(二) 铬酸钾法

1. 原理 铅盐与铬酸钾和重铬酸钾在中性或弱酸性溶液中生成铬酸铅黄色沉淀。

$$Pb(NO_3)_3 + K_2CrO_4 \rightarrow PbCrO_4\downarrow + 2KNO_3$$
黄色

2. 试剂 10%铬酸钾或重铬酸钾溶液。

3. 操作 取检液少许，加 10%铬酸钾或重铬酸钾溶液数滴，如有铅离子存在则出现黄色沉淀，该沉淀能溶于氢氧化钠及硝酸中。

(三) 双硫腙比色法（灵敏度 0.1mg）

1. 原理 同定性检验中双硫腙法，与铅标准比色列进行比色。

2. 试剂 本法较灵敏，所用试剂、水及仪器都不应含有铅，使用前都要经过检查及处理。

(1) 去离子水：不应含铅，检查方法为取去离子水 30mL，加硝酸 0.3mL 及无铅氨性氰化钾溶液 6mL，再加入双硫腙应用液 2mL，振摇，氯仿层应为绿色。

(2) 氯仿：不应含有氧化物。检查方法是取氯仿 10mL，加去离子水 25mL，振摇 3min，静置分层，取水层 10mL，加 15%碘化钾溶液及 0.5%淀粉溶液各数滴，振摇后应不显蓝色。如检查不合格时，需重新蒸馏。方法是取氯仿以相当于其体积5%～10%的20%硫代硫酸钠溶液洗涤，加入少许的无水氯化钙脱水后进行蒸馏，收集61℃馏液，并加入1%无水乙醇保存备用。

（3）1∶1氨水：用硬质玻璃蒸馏器重新蒸馏，冷凝管下端必须插入无铅水内，蒸馏后测其浓度。检查方法为取氨水3mL于蒸发皿中蒸干，用1∶100硝酸30mL分5～6次洗涤蒸发皿，洗液移入分液漏斗中，加无铅氨性氰化钾溶液6mL，双硫腙应用液5mL，振摇后，氯仿层应呈绿色。

（4）50%柠檬酸铵溶液：取柠檬酸铵50g于分液漏斗中，加去离子水100mL溶解，加0.1%麝香草酚蓝指示剂2滴，加氨水（使pH 8.5～9.0）调成蓝色，用双硫腙储备液多次提取除铅，直到提取液为绿色为止。残留的双硫腙用氯仿洗去，直至氯仿层无绿色为止。

（5）10%氰化钾溶液：取氰化钾50g溶于100mL去离子水中，用双硫腙储备液按上述方法除铅，然后加去离子水稀释至500mL。

（6）20%盐酸羟胺溶液：取盐酸羟胺20g，溶于65mL去离子水中，加麝香草酚指示剂2滴，加氨水碱化（使pH为8.5～9.0），用双流腙储备液按上述方法除铅，然后用盐酸酸化至呈黄色，加无铅水至100mL。

（7）0.1%麝香草酚蓝指示剂：取麝香草酚蓝0.1g，加乙醇100mL溶解后过滤即可。

（8）双硫腙溶液：①双硫腙储备液，取双硫腙50mg，溶于氯仿100mL中，于暗处保存，可数月稳定不变。②稀双硫腙溶液，吸取储备液0.2mL，加氯仿稀释至100mL，保存于棕色瓶中（此液为0.1mg/100mL）。③双硫腙应用液，取稀双硫腙溶液30mL加氯仿至200mL。

（9）混合试剂：取50%柠檬酸铵溶液30mL，20%盐酸羟胺溶液2mL，1∶1氨水50mL，麝香草酚蓝指示剂2mL，混合后备用。

（10）铅标准液：①铅标准储备液，精确称取分析纯硝酸铅0.159 8g，置于1 000mL容量瓶中，用1%硝酸溶液100mL溶解，加水至刻度。此溶液1mL含铅0.1mg。②铅标准应用液，临用时吸取铅标准储备液10mL于100mL容量瓶中，加去离子水至刻度，摇匀，此液每1mL含0.01mg铅。

（11）10%硝酸。

3. 检测 取检材10g，另取去离子水10mL，作为试剂空白，均用灰化法消化，取出放冷后，加10%硝酸溶解残渣，使成10mL，此为检样液与试剂空白液。各取2mL，分别加混合试剂1mL、双硫腙应用液5mL，再加浓氨水至20mL，充分振摇，静置分层后，取氯仿液于1mL比色杯中，与铅标准比色列进行比色定量。

铅标准比色列的配制：取6支试管，分别加入铅标准应用溶液0.0mL、0.1mL、0.5mL、1.0mL、1.5mL、2.0mL（相当于0μg、1μg、5μg、10μg、15μg、20μg铅），然后每管各补加10%硝酸到2.0mL，加混合试剂1mL，双硫腙应用液5mL，再加浓氨水至20mL，充分振摇1min，静置分层后，取氯仿液于1cm比色杯中，以0.0管调节零点，于波长510nm处测吸光度，绘制标准曲线。

4. 计算

$$铅含量（mg/kg 或 mg/L）=\frac{A_1-A_2}{m\times\frac{V_2}{V_1}}$$

式中，A_1 为从曲线上查出的测定用样品消化液中铅质量（μg）；A_2 为从曲线上查出的试剂空白液中铅质量（μg）；m 为样品质量或体积（g 或 mL）；V_1 为样品消化液的体积（mL）；V_2 为测定用样品消化液的体积（mL）。

【注意事项】

（1）一般家畜中毒时，往往含铅量很高，尤其是胃内容物含量可高达 500mg/kg 之多，远超出上述标准曲线的范围，遇到此种情况时可酌情将样品消化液进行稀释。

（2）在配制双硫腙溶液时，有时由于质量达不到要求需自行提纯。方法是称取双硫腙 0.5g 溶于 50mL 氯仿中，用棉花过滤于分液漏斗中，每次用 1% 无铅氨水 50～70mL 提取 3～4 次，收集氨液，用盐酸酸化，使双硫腙沉淀。用不含氧化物的氯仿提取 2～3 次，每次 15～20min，合并氯仿提取液，用等体积的去离子水洗氯仿溶液，分层后，将下层氯仿移入 100mL 量筒中，再加氯仿至刻度（此液含双硫腙 5g/L）。配制双硫腙储备液时，将其稀释 10 倍即可。

（3）加氰化钾的目的是与铜、锌离子形成稳定络合物，起掩蔽作用，消除干扰。加入盐酸羟胺可防止三价铁对双硫腙的氧化作用。加入柠檬酸铵可防止碱土金属沉淀。

（4）在进行比色中，如样品管显鲜红色，表示双硫腙用量不足，可增加用量。

【思考题】

（1）双硫腙法检测铅含量的原理及方法。

（2）铬酸钾法检测铅含量的原理及方法。

（3）双硫腙比色法检测铅含量的原理及方法。

（4）样品中铅含量检测的注意事项。

实验二十五　硒的检验

【实验目的】 掌握生物样品中硒的测定和全血硒测定的基本原理、方法及注意事项。

【实验准备】

1. 实验样品　可疑植物、饲料、土壤、饮水样品，动物血液、胃肠内容物等。

2. 器材与试剂　根据各检验方法的要求准备。

【实验原理】

1. 荧光法　基本原理是在一定条件下将样品中不同形态的硒转化为 Se（Ⅳ），用 2,3-二氨基萘（DAN）对 Se（Ⅳ）选择性反应，生成 Se-DAN，其荧光强度与硒含量在一定条件下成正比。用环己烷等有机溶剂萃取后于激发光波长 376nm，发射光波长 520nm 处测定荧光强度，与绘制标准曲线比较定量。它是现行国家标准中食品硒含量的测定方法，该法灵敏、准确，但是所用的试剂有毒，硒与 DAN 的反应条件（如 pH、温度）要求严格，操作较为繁琐。

2. 原子吸收光谱法　本法是基于物质所产生的原子蒸气对特定谱线的吸收作用来进行定量分析的一种方法，近几年发展较快，为提高灵敏度和精确度，在技术方面也有所改进，但石墨炉原子吸收光谱法存在硒的挥发损失、干扰等问题。

3. 氢化物原子荧光光谱法　原理是将样品中硒转化为 Se（Ⅳ），用 $NaBH_4$ 或 KBH_4 作还原剂，将 Se（Ⅳ）在 HCl 介质中还原成 SeH_4，由载气带入原子化器中进行原子化，在硒特制空心阴极灯照射下，基态硒原子被激发至高能态，再去活化回到基态时发射出特征波长的荧光，其荧光强度与硒含量成正比。氢化物原子荧光光谱法测定生物样品中硒的准确度高，灵敏度、精密度好，线性范围宽，所用试剂毒性小，实用性强，已列入国家标准。

4. 电感耦合等离子体发射光谱法　在任何高温气体中，如有1%以上原子或分子被电离，该气体即具有相当大的电导率，这种自由电子、离子和中性原子或分子组成的中性气体，即称为等离子体，它已广泛应用于啤酒、蜂蜜、猪肉血清中痕量硒的分析。在天然药物中该法也常被使用。

5. 催化吸光光度法　是目前较常用的测硒方法，利用 Se（Ⅳ）能够催化 $KClO_3$ 氧化苯肼生成偶氮离子，继而与变色酸偶合成红色偶氮染料，生成的红色偶氮染料的吸光度与一定量范围的硒成正比，因而可利用催化吸光光度法测 Se（Ⅳ）的量。但其中有的方法操作繁琐费时，有的方法普遍使用了被怀疑为有致癌危险性的肼类、萘胺类等物质。

6. 电分析法　近10多年来硒的电化学分析法发展较快，诸如电位滴定法、溶出伏安法、催化极谱法、离子选择电极法等。其中在硒分析中应用较多的是极谱法和溶出伏安法，它们是特殊条件下进行的电解分析法，具有仪器简单、灵敏度高、准确度高、分析速度快、应用范围广等特点。用催化极谱法测定蚂蚁及其制剂中的硒，示波极谱法测定植物药类中的硒等均已得到满意效果。随着科学的发展，极谱法和溶出伏安法等电分析方法将是很有前途的。

7. 中子活化分析　中子活化分析技术近年来不断发展且日趋完善，适用于测定含量很低的微量元素，具有微量、快速、准确和同时分析许多元素的优点。国内已有采用中子活化分析法分析我国所产的4种主要麻黄中硒的含量。但由于中子活化法所需的设备不易为一般实验室所具备，未得到广泛应用。

本实验重点介绍生物样品中硒的测定（荧光法）和全血硒测定（石墨炉原子吸收分光光度法）

【实验内容】

（一）生物样品中硒的测定——荧光法（参照 GB/T 13883—92 饲料中硒的测定方法）

1. 实验试剂

（1）环己烷：优级纯（密度 0.778～0.8g/mL）。

（2）硒标准溶液：称取亚硒酸 0.163 4g，溶于 1L 的去离子水中，用作储备液，每毫升含 Se^{4+} 100μg，应用时稀释成每毫升含 Se^{4+} 0.1μg。

（3）0.1% DAN 溶液：称取 2,3-二氨基萘 200mg 溶于 0.1mol/L 盐酸 200mL 中，振荡 10min，加环己烷约 20mL，振荡 15min 后，将此液倒入分液漏斗中，分层后弃去有机相，反复用环己烷纯化 DAN 溶液 6～7 次。纯化后的 DAN 溶液储存于棕色瓶中，加约 1cm 厚的环己烷以隔绝空气，置冰箱保存，全过程需在暗室内操作。每次使用前需再纯化。

（4）盐酸羟胺-乙二胺四乙酸二钠（$EDTANa_2$）（AR）溶液：称取 10.0g $EDTANa_2$ 溶于 500mL 水中，加入 25.0g 盐酸羟胺使其溶解，用水稀释至 1 000mL。

（5）混合酸：取300mL硫酸，加于300mL水中，再加48%的氢溴酸45mL，混匀，置沙浴上加热蒸去硒和水至出现白烟，此时体积应为300mL，然后加400mL过氯酸铵混匀。

（6）钼酸钠溶液：称取钼酸钠（AR）7.5g，溶于150mL去离子水中。

（7）氨水：密度0.9g/mL。

（8）荧光红钠溶液：称取荧光红钠50.0mg，溶于1 000mL蒸馏水中，用作储备液（50μg/mL）。取此溶液10mL稀释至500mL作为参考标准液（1μg/mL）。

2. 实验步骤

（1）样品处理：

①血样：取1%草酸钾溶液0.1mL，10%苯甲酸钠溶液0.2mL于带玻璃塞的试管中，烤干，采静脉血0.5～5mL于试管中，加塞后-20℃保存。

②尿样：加防腐剂后-20℃保存。

③毛样：将毛样在1%洗衣粉中浸洗2～3次，用热水及自来水分别洗涤3次，最后用蒸馏水洗涤3次，放置在60℃烤箱中干燥，装入塑料袋保存。

（2）消化：称取含硒量为0.05～0.5μg的样品，放入三角瓶内，加钼酸钠溶液3mL，混合酸7～15mL，将三角瓶置于160～170℃沙浴上消化，剧烈反应后，溶液变为淡黄色微带绿色为止。冷却后溶液变为无色。同时消化空白和标准溶液。

（3）4，5-苯并苯硒脑的生成与测定：于消化后溶液中加EDTANa$_2$混合液2mL，混匀。将上述溶液用氨水或盐酸调节pH为1.5～2.0，加盐酸羟胺2mL，放置5min，移至黑暗处加入0.1% DAN试剂2mL，混匀后在沸水浴中加热5min，冷水冷却后，加环己烷5mL，振荡器振荡5min。将全部溶液移入分液漏斗，分层后弃掉下层水溶液，将环己烷盛入离心管中，离心2min（1 500r/min）。倒出环己烷，用荧光分光光度计测定苯硒脑的荧光强度（激发光波长376nm，发射光波长540nm）。

测定时需同时作试剂空白和硒标准，操作流程与样品相同。

3. 计算　硒含量＝硒标准含量（μg/g）÷（标准硒荧光强度－空白荧光强度）×（样品荧光强度－空白荧光强度）÷样品质量（g）。

（二）全血硒测定——石墨炉原子吸收分光光度法

1. 实验试剂

（1）硝酸：优级纯（密度1.42g/mL）。

（2）高氯酸：优级纯（密度1.67g/mL）。

（3）甲苯（无噻吩）

（4）盐酸羟胺-乙二胺四乙酸二钠（EDTANa$_2$）溶液：称取10.0g EDTANa$_2$溶于500mL水中，加入25.0g盐酸羟胺使其溶解，用水稀释至1 000mL。

（5）甲酚红溶液：取甲酚红40mg溶于1.1mol/L氢氧化钠液100mL中，储存于经酸洗过的塑料瓶中。

（6）0.013mol/L DAN溶液：取2，3-二氨基萘0.1g溶于1mol/L盐酸5～10mL中，用去离子水稀释至50mL，现用现配。

（7）血基硒标准液：浓度分别为0μg、100μg、200μg、300μg、400μg/L。加适量的10mg/L标准硒于肝素全血中，将全血稀释至50mL，分装，储存于丙烯管中，-20℃保存。

此标准液在 2 个月内稳定。

2. 实验步骤

（1）消化：分别于 20mL 硼硅闪烁管中加入用肝素抗凝的全血、血基标准液各 1mL，加直径为 5mm 玻璃珠 2 粒、硝酸 2mL、高氯酸 1mL 及甲苯 0.2mL（防止消化时产生气泡）。加热 70～80℃，消化至溶液呈淡黄色，无红烟冒出并产生高氯酸烟。溶液的液面应在玻璃珠高度一半，消化时间为 3～4h。

（2）预提取准备：消化液冷却后，加入 3mol/L 盐酸，加热至 60℃，持续 20min，冰浴后加入盐酸羟胺-$EDTANa_2$ 溶液 2mL、甲酚红溶液 50μL，滴加 7.5mol/L 氢氧化铵溶液，边加边混匀，使溶液呈黄色，最后滴加 2.0mol/L 盐酸至溶液呈淡橙色，使 pH 为 1～2，将溶液倒至 16mm×125mm 螺旋培养管中。

（3）络合及提取：加 DAN 溶液 1mL 至消化液中，混匀，水浴加热至 50℃，持续 30min，取出冷至室温，加甲苯 1mL，振荡 1min，3 000r/min 离心 5min。

（4）分析：取 0.1%硝酸铜溶液 20μL 及上层提取液 20μL，加入原子吸收分光光度计的石墨炉中，按下述条件下分析硒水平：波长 196.0nm，狭缝 0.7nm，背景校正 AA-BG，干燥 125℃，灰化 800℃，原子化 2 700℃，氮气流 20mL/min。

（5）标准曲线的绘制：利用血基标准，按添加的硒量测定样品的吸收值并作图。硒含量在 100～300μg/L 范围内，平均回收率为 99.9%。

土壤、饲料、动物组织中正常的硒含量见表 4-6。

表 4-6　正常及缺乏时的硒含量参考值

项目	土壤		饲料 (mg/kg)	血液 (μmol/L)/(μg/mL)	肌肉 (mg/kg)	肝脏 (mg/kg)	乳 (μmol/L)/(μg/mL)	羽或毛 (mg/kg)
	总硒 (mg/kg)	可溶性硒 (μmol/L)						
正常值	0.5～5.0	0.08	0.1～1.0	0.76～1.27 0.06～0.1	0.7	4.0	0.25～0.64 0.02～0.05	1.0～4.0
缺乏值	<0.05	<0.009	<0.05	<0.64 <0.05	<0.02	<0.04	<0.13 <0.01	<0.25

【思考题】

（1）简述生物样品中硒的测定方法及原理。

（2）简述测定生物样品中的硒的注意事项。

实验二十六　重要霉菌毒素的检验

【实验目的】

掌握样品中黄曲霉毒素 B_1 和镰刀菌毒素的检验方法。

【实验准备】

1. 检样　霉变或可疑的种子、饲料样品。

2. 器材与试剂　根据各检验方法的要求准备。

【实验内容】

(一) 黄曲霉毒素 B_1 定性检验（微柱层析法）

黄曲霉毒素的检验有生物检验法、免疫学检验法和化学检验法三种。前两种均为验证毒性的方法，且需放射性同位素设备，不易推广。后者是常用的实验室分析方法。在普查黄曲霉毒素 B_1 时，需要排除大量阴性样品，较适宜的方法是微柱层析筛选法，本法简便易行，灵敏度可达 $5\sim10\mu g/kg$；对阳性样品多采用薄层层析法作定量或半定量测定，该法的优点是设备简单，易于普及应用，灵敏度为 $5\mu g/kg$；缺点是操作较复杂，需时较长。

1. 仪器设备

(1) 微柱：直径 3mm，长 250mm。

制备顺序为：石英棉，填塞 5~7mm 高的沙、5~7mm 弗罗里土、2.0cm 硅胶和 1.0~1.5cm 氧化铝，最后加上少许石英棉。

(2) 高速组织捣碎机，紫外灯（254nm），分液漏斗（125mL），烧杯（250mL）。

2. 试剂及其他用品

(1) 弗罗里土：100~200 目，110℃活化 2h。

(2) 中性氧化铝：80~200 目，110℃活化 2h。

(3) 硅胶 G：105℃活化 1h，加 1%水，密封，充分摇匀，静置 15h。

(4) 沙：用水多次洗净，烘干。

(5) 铁胶制备：将 pH 电极置于盛有 100mL 水和 15%三氯化铁（$FeCl_3 \cdot 6H_2O$）溶液 10mL 的烧杯内，加入 4%氢氧化钠溶液 14~16mL，至 pH 为 4.6。如 pH 超过此值，则重新制备。电极表面附着的铁胶可用 0.1mol/L 盐酸清除。

3. 操作方法

(1) 取过 20 目筛的样品 50g，加 250mL 的浸取液（85%丙酮水溶液），在高速组织搅拌机中捣碎 3min。过滤，取滤液 90mL 置于上述制备的铁胶溶液中，搅拌 1~2min。再过滤，取清滤液 175~180mL 于 500mL 分液漏斗内，加氯仿 50mL 提取约 1min。放出氯仿层，于 250mL 烧杯内，水浴上浓缩至恰干，用 2mL 氯仿：丙酮（9:1）溶解残渣于小瓶内（相当 15g 样品）。再用氯仿-丙酮洗残留物 2 次，每次 2mL。合并，冷冻保存。

(2) 取 1mL（相当于 2.5g 样品）注进微柱中，流出后，加约 1mL 氯仿-丙酮液（9:1）装满柱，流干后，在紫外灯下观察，如有弗罗里土层呈现蓝紫色荧光环带，则黄曲霉毒素 B_1 含量大于 $5\mu g/kg$，如硅胶和弗罗里土层呈现环带，则含量约大于 $20\mu g/kg$。

(二) 黄曲霉毒素 B_1 定量检验（薄层层析法）

1. 原理　黄曲霉毒素 B_1 在波长 365nm 紫外光下产生蓝紫色荧光，根据其在薄层板上呈现荧光的最低检出量来测定含量。

2. 仪器与器皿　电热恒温水浴锅，振荡器，紫外光灯（100~125W），滤光片（365nm），索氏抽提器（250mL），薄层板（5cm×20cm 或 5cm×15cm），层析缸，微量注射器或血红蛋白计吸管，125mL 分液漏斗，50mL 蒸发皿，250mL 锥形瓶（带塞），2mL 带塞小瓶，10mL、5mL 带塞刻度试管。

3. 试剂

(1) 正己烷或石油醚：氯仿，甲醇，乙腈，丙酮，无水乙醚，无水硫酸钠或无水硫酸钾。以上试剂需先进行空白试验，如不干扰测定，才能使用。否则逐一检查并进行重蒸馏。

(2) 5%甲醇溶液。

(3) 苯∶乙腈混合液（98∶2）。

(4) 脱脂棉：在索氏抽提器氯仿抽提 2h。取出，挥发干后备用。

(5) 硅胶 G（亦可自己配制）：取硅胶（薄层层析用，250 目）85 份与在 130℃烘 6h 以上，通过 120 目筛，储存于干燥器中的石膏 15 份混匀。

(6) 三氟乙酸。

(7) 黄曲霉素 B_1 标准溶液：

①储备液：配制成浓度为 $10\mu g/mL$ 的标准储备液。

②稀释液Ⅰ（$1\mu g/mL$）：取储备液 1mL 于 10mL 带塞刻度试管中，用苯-乙腈液稀释至刻度，摇匀。

③稀释液Ⅱ（$0.2\mu g/mL$）：取稀释液Ⅰ 1mL 于 5mL 带刻度试管中，用苯-乙腈混合液稀释至刻度，摇匀。

④稀释液Ⅲ（$0.04\mu g/mL$）：取稀释液Ⅱ 1mL 于 5mL 带塞刻度试管中，用苯-乙腈混合液稀释至刻度，摇匀。

所有黄曲霉毒素标准溶液均应避光和置冰箱中低温保存。每次用后，记下剩余体积，下次用前，如发现体积减小，需用苯-乙腈混合液补充，摇匀后再用。

4. 操作方法

(1) 样品提取：含脂较多的样品，如花生、大豆等油料作物种子和鱼粉等肉类饲料，应除去油脂后提取。称样 20g，经粉碎后放入滤纸筒内，筒口堵塞少许脱脂棉，置于索氏抽提器内，在 250mL 索氏提取瓶中，加占瓶体积 1/2～2/3 的石油醚（30～60℃沸程），于 80℃左右水浴上，提取油脂 8h 以上。然后将滤纸筒取出，预先挥发干后，小心地将样品移入 250mL 带塞锥形瓶中，加 5～6mL 水润湿，准确加入 60mL 氯仿，盖上塞子，于瓶塞上加水 1 滴，盖严防漏。在电动振荡器上振荡 30min。加无水硫酸钠 12g，振荡后，静置 0.5～1h，用脱脂棉过滤于 100mL 带塞锥形瓶中。取出 12mL 滤液（相当于 4g 样品）于蒸发皿中，在 65℃水浴上蒸发干。剩余液体于 4℃冰箱中保存。在蒸发皿残留物中加入苯-乙腈 1mL，用滴管尖端将皿内原残留物充分混合，吸取上清液置于 2mL 小瓶中。皿内不溶解残留物可弃去。如上清液不够清澈，可离心 10min（150r/min）。为防止挥发，上清液应立即进行薄层分析。

含脂类和色素较少的样品，如玉米、大米、麦类、面粉、薯干以及非油料作物的豆类、饼粕类等，可称取 20g 样品置于 250mL 带塞锥形瓶中，加正己烷或石油醚 30mL 和 50%甲醇 100mL，盖上盖子，于瓶塞上加水 1 滴，以防漏滴。在电动振荡器上振荡 30min。静置 30min 后，用脱脂棉过滤于分液漏斗中，待分层后，将下层 55%甲醇溶液放入另一带塞锥形瓶中。取 20mL（相当于 4g 样品）于另一分液漏斗中，加氯仿 20mL，振动抽提 2min。待分层后，放出氯仿层，经底部装有少量脱脂棉，脱脂棉上铺有 10g 无水硫酸钠的小漏斗滤于 50mL 蒸发皿中，再加氯仿 5mL 重复抽提一次，一并收集于蒸发皿中。最后用少量氯仿洗涤漏斗上的无水硫酸钠，洗液并入蒸发皿。将蒸发皿置于 65℃水浴上蒸发干。

(2) 薄层层析和定量：

①薄层层析板的制备：称取约 3g 硅胶 G 于小烧杯中，加相当于硅胶 G 质量 1 倍的水调成胶状，制成厚度约 0.25mm 的薄层板。在空气中干燥 15min 后，在 100℃ 活化 2h，取出在干燥器中保存。一般可保存 3d，若时间较长，可再活化后使用。

②点样：在距薄层板下端 3cm 处的基线上，按下列形式点样。原点之间相距 1cm，原点直径约 2～3mm，可分次滴加。

第一点：黄霉毒素 B_1 标准液（0.04μg/mL）10μL。

第二点：样品液 20μL。

第三点：样液 20μL 加黄霉毒素 B_1 标准液（0.04μg/mL）10μL。

第四点：样液 20μL 加黄霉毒素 B_1 标准液（0.02μg/mL）10μL。

③展开：在层析缸内放无水乙醚，高度为距缸底约 2cm。将点样后的薄层板放入缸内展开。展开距离为 12cm，取出晾干或电吹风冷风吹干。再以丙酮-氯仿（6∶94 或 8∶92）展开 10～12cm。取出吹干，在紫外灯下观察。

④观察：在紫外灯下观察，如第二点（样品溶液）在第一点（黄曲霉毒素 B_1 标准液）相同 R_f 值的位置上不显蓝紫色荧光，则表示样品黄曲霉毒素 B_1 含量在 5μg/kg 以下。此时，第一点与第三点荧光强度相当。第四点主要起定位作用。如第二点（样品溶液）在第一点的 R_f 值的位置上显蓝紫色荧光，荧光强度比第一点强，则表示样品中黄曲霉毒素 B_1 含量可能大于 5μg/kg，此时要进一步做确证试验。

⑤确证试验：为了证实薄层板上样品荧光确系黄曲霉毒素产生，可利用黄曲霉毒素在三氟乙酸作用下产生的衍生物在上述条件下 R_f 值仅为 0.1 左右的特点，进一步确证。

在薄层板上依次滴加 4 个点：第一点，样品液 20μL；第二点，黄曲霉毒素 B_1 标准液（0.2μg/mL）10μL；第三点，样品液 20μL；第四点，黄曲霉毒素 B_1 标准液（0.2μg/mL）10μL。然后，在第一和第二点上各加三氟乙酸 1 小滴，反应 5min 后，用低于 40℃ 的热风吹 2min。按前述方法展开，在紫外灯下观察。若在黄曲霉毒素 B_1 标准的衍生物（R_f 值降至 0.1 左右）相同位置上（即第二点），样液（第一点）也显示紫蓝色荧光，即可确证样液所显示的荧光是黄曲霉毒素 B_1 产生的。否则，则不是。未加三氟乙酸的第三、四点可作为样品液与标准液的衍生物空白对照（R_f 值较高）。以此来肯定样液中所产生的 R_f 值作为 0.1 左右的荧光点确系反应后产生的。

⑥稀释定量：样液中黄曲霉毒素 B_1 荧光点的荧光强度与黄曲霉毒素 B_1 标准点的最低检出量（0.0004μg）的荧光强度一致时，则样品中黄曲霉毒素 B_1 含量为 5μg/kg。如样品中荧光强度大于最低检出量时，可根据荧光强度估计，将样品稀释或减少点样体积，直至样液点的荧光强度与最低检出量的荧光强度一致为止。滴加式样如下：

第一点：黄曲霉毒素 B_1 标准液（0.04μg/mL）10μL。

第二、三、四点：按情况滴加样品液。

5. 计算

$$黄曲霉毒素 B_1 含量（\mu g/kg）= 0.0004 \times \frac{V_1 \times D}{V_2} \times \frac{1000}{M}$$

式中，M 为苯-乙腈混合溶解时相当于样品的质量，g；V_1 为加入苯-乙腈混合液的体积，mL；V_2 为出现最低荧光时点样液体积，mL；D 为样液的稀释倍数；0.0004 为黄曲霉

毒素 B_1 的最低检出量，μg。

6. 注意事项

（1）样品的代表性问题：由于样品中污染了黄曲霉毒素的霉粒，仅一粒就可能影响测定结果，而有毒霉粒比例小，分布不均匀。因此，为避免取样带来误差，必须大量取样。并将大量样品粉碎，混合均匀，才有可能得到能代表整批样品的相对可靠的结果。因此，要严格遵守采样规则。必要时，每批样品可采取 3 份大样作样品制备及分析测定用，以确定具有一定的代表性。

（2）展开剂中的丙酮和氯仿的比例可随 R_f 值大小与分离情况而调节。如 R_f 值太大，可减少丙酮体积，反之则增加。

（3）在气候潮湿的情况下，薄层板活性降低，影响检出量，因此使用薄板需当日活化。在盛有硅胶干燥剂的盒内，在干燥条件下点样。

（4）次氯酸钠可破坏黄曲霉毒素。污染的玻璃仪器应在此溶液中浸泡消毒后再清洗之。5%次氯酸钠溶液浸泡片刻即可。1%次氯酸钠溶液需浸泡半天。溶液配制方法如下：漂白粉 100g，水 50mL，搅拌均匀。另将工业用碳酸钠（$Na_2CO_3 \cdot 10H_2O$）80g 溶于 500mL 温水中，再将两液混合，搅拌，澄清后过滤。此滤液含次氯酸钠浓度为 2.5%。

（三）镰刀菌毒素的检验

1. 化学检验方法 主要是提取、脱脂、净化、分离、鉴定和定量 5 个程序。

（1）取样和样品的制备：制备样品应尽量将颗粒磨碎，以达到有效的提取。霉菌毒素污染常常分布在几个集中点上，如局部发生霉变和霉粒，取样时应充分注意。不同方法所用的样品量不同，范围是 20～100g，一般以 50g 为宜。

（2）提取：根据水溶剂渗透到亲水植物组织的原理，可用甲醇-水、丙酮-水、氯仿-水或二氯甲烷-水等。特别要注意的是水完全被样品所吸收，因而样品不直接接触有机溶剂，其作用可能是毒素被水提取后，移到有机溶剂中去，然而不同种毒素的提取溶剂则根据需要加以选择。

（3）脱脂和净化：常用的方法是采用硅胶柱选择性洗提法，如氯仿、石油醚、正己烷去脂，但在柱上可能丢失一些毒素，也可采用低温高速离心（5 000r/min，3℃）去脂、去杂质。

（4）分离技术：分离霉菌毒素的方法有薄层层析、柱层析和制备型液相色谱法等。

薄层层析是一种简便、快速、价廉、应用广泛的方法。镰刀菌毒素分离，常用硅胶 G（或 GF）制板，通常称取 5g 硅胶 G，加 20mL 蒸馏水研细、调匀，用不同规格的涂布方法制板。

薄层板的规格可根据实际需要而定，一般多为 5cm×20cm 或 10cm×20cm。板厚 0.25mm（如用于分离尚可增加厚度，可达 1mm）。涂好的硅胶 G 板先在 50℃烘箱放置约 1h，然后逐渐升温至 110℃，烘烤 1h 后冷却，置于干燥器中备用。点样后以上行法在预先准备好的展开槽中展开，展开前沿为 12cm，取出显色，在可见光下观察色点颜色，并在波长为 254nm 和 365nm 紫外灯下观察毒素的荧光点，计算 R_f 值。

柱层析是应用较广的分离方法，应用柱层析分离镰刀菌毒素，在吸附剂的选择上，多采用层析用硅胶酸进行湿法装柱。吸附剂通过 100～140 目筛，可根据不同吸附剂而定洗脱剂，一般硅胶酸对脂溶性溶剂亲和力小，对水、乙醇等亲和力大。而活性炭却与它相反，对水亲和力小而对苯亲和力大。利用不同溶剂的亲和力可以设计出多组合的洗脱剂。

（5）鉴定和定量：薄层层析法可以简易的测出各种霉菌毒素。但是一些镰刀菌毒素本身没有荧光，又没有好的显色方法，因而采用化学测定法尚有一定困难。有些毒素只有用标准毒素作对照才有意义，因此必要时常使用仪器分析。

测定镰刀菌毒素多采用气相色谱法和气相色谱-质谱联用方法。用气相色谱法的最低检出量为：T-2毒素 $30 \sim 50\mu g/kg$，二醋酸蔍草镰刀菌烯醇 $30\mu g/kg$，脱氧雪腐镰刀菌烯醇 $20\mu g/kg$；应用气相-质谱法测定的灵敏度更高，T-2毒素的最低检出量为 $20\mu g/kg$，二醋酸蔍草镰刀菌烯醇为 $7 \sim 10\mu g/kg$，脱氧雪腐镰刀菌烯醇为 $7\mu g/kg$。

2. 免疫学检验方法 美国威斯康星大学朱繁生教授首先利用免疫学方法检验霉菌毒素。该法可分为两种：

（1）放射免疫分析法（RIA）：Chu等于1979年提出关于T-2毒素的放射免疫分析的测定。以半丁二酸盐作为中间介体，使T-2毒素与牛血清蛋白（BSA）结合成T-2毒素-BSA-半丁二酸盐。用此结合物作抗原免疫家兔。从被免疫的兔体血清中分离抗体（IgG），用 ^3H 标记，然后用所标记的抗体与不标记的抗原（T-2毒素、HT-2毒素、新茄病镰刀菌醇等）做竞争结合试验，再用Beckmon Ls-330型液体闪烁计数器测定放射性，获得的抗体对T-2毒素有极强的亲和力，对HT-2毒素的亲和力低，对T-2毒素-三醇的最低，与新茄病镰刀菌醇、T-2毒素-四醇-8-乙酰新茄病镰刀菌烯醇的交互反应很弱，二醋酸蔍草镰刀菌烯醇、呕吐毒素、疣孢菌素-A与抗体有交互反应的倾向。此法对镰刀菌毒素的检验是特异和灵敏的，尤其对化学结构彼此相似的同一类霉菌毒素的各种衍生物的检测，更显得特异和灵敏。检测限量远多于层析法，如T-2毒素的检出限量是 $1 \sim 2\mu g$。

放射免疫分析需要特殊的设备和放射物的制备，因而妨碍了它在实际中的普及应用。

（2）酶联免疫吸附试验（ELISA）：是一种凭借酶的作用，使免疫反应在底物上呈现出肉眼可见的色泽，并通过分光光度计或光电比色计获取不同的消光值来判断被检物的技术。其原理是将毒素与牛血清白蛋白结合，做成 $AFTM_1$ 和 B_1 肟牛血清蛋白的结合物——完全抗体，对家兔进行免疫制备抗血清，用羧甲基辣根过氧化氢酶结合物为配合基进行实验，结果颇为敏感，此法应用于镰刀菌毒素效果也较满意。酶联免疫吸附试验方法简单、稳定、价廉且易于推广。

3. 生物学检验方法 利用生物检测霉菌毒素的方法颇多，例如测定微生物生长试验、抑制种子发芽试验、草履虫和丰年虫杀灭试验、鸡胚毒性试验、对试验动物的毒性 LD_{50} 的测定、动物皮肤试验等。然而这些生物测试方法大多是以镰刀菌毒素为主要对象而建立起来的。

（1）霉菌抑制法：白色假丝酵母（*Canadida alibcians*）和指状青霉（*Penicillin digitatum*）和曾被用来测定单端孢霉烯类毒素，使用的方法是杯法和孢子萌芽法。蛇螺菌（*Spirillum serpens*）、甘蓝黑腐病黄杆菌（*Xanthomonas campestris*）或乳酪弧菌（*Vibrio tyrogenus*）被用来测定丁烯酸内酯。

①单端孢霉烯类毒素：将培养镰刀菌的谷物或琼脂培养基捣碎，用醋酸乙酯抽提，蒸去溶剂，即得粗毒素。称一定量的粗毒素溶于丙酮中，定量滴在直径为12.7mm的圆滤纸上，干后待用。实验方法：将深红酵母在酵母-麦芽汁-琼脂培养基斜面上28℃培养28h，再用酵

母-麦芽汁培养液稀释,使菌种悬浮在 600nm 波长下透光度 50%,取 0.1mL 菌种悬浮液与 6mL 酵母-麦芽汁-琼脂在 45℃混匀,倾入 10cm 培养皿中,放平冷却,把吸有样品的圆滤纸片放置在已接种深红酵母的培养皿琼脂上,28℃培养 48h,测量抑制圈直径。

②丁烯酸内酯:将染菌病麦或谷物,用乙酸乙酯抽提,减压蒸去溶剂即得毒素抽提物,将其溶于丙酮,定量滴在直径为 12.7mm 的圆滤纸片上,置于接种有蛇螺菌、甘蓝黑腐病黄杆菌或乳酪弧菌的琼脂培养基上,经过培养后,测定其抑制直径,$50\mu g$ 的丁烯酸内酯能形成 14mm 的抑制圈。

(2) 豌豆发芽抑制法:

①测试样品:取 50g 病麦粉,加 400mL 水,震荡 3h,离心分出水抽提液 320mL,相当于 40g 病麦粉,加活性炭 4g 吸附毒素,活性炭滤出后用 80%丙酮洗 3 次,每次 20mL,合并丙酮洗脱液,浓缩到 8mL 备用。也可将水、70%~80%乙醇或醋酸乙酯作为抽提毒素的溶剂,省去活性炭吸附这一步,即浓缩或蒸干即成粗毒素。在配制溶液时,有不溶油状物,为使试液均匀,可将粗毒素用少量含吐温 80 的丙酮或乙醇溶解,逐渐加水并剧烈震荡成悬浮液,然后用水稀释到所需的各种浓度。

②试验方法:将豌豆种子在 0.1%氯化汞水溶液中表面灭菌 5min,用灭菌水洗 3 次,取各种样品各种浓度的测试液各 5mL,分别置于 10mL 烧杯中,每份浸入 10 颗表面灭菌过的豌豆种子。对照组以所用的溶剂组成代替测试液。种子浸泡时间为 16~18h,然后各组豌豆种子再用灭菌水洗后,分别置于各个发芽皿中发芽床的纱布上。发芽皿及其中的发芽床和纱布都先经蒸汽灭菌。加无菌水使发芽皿中的纱布在培养过程中保持湿润。盖上皿盖,在 28℃培养 3d,每天记录发芽率,以第三天的为最终结果。

豌豆发芽抑制试验因选用的豌豆种不同以及方法细节、实验条件有差异,因此分析结果的灵敏度会有一定的幅度,一般灵敏度大体上是在 $0.04\sim1\mu g/mL$ 之间。文献记载 $0.5\mu g/mL$、$1.0\mu g/mL$ 和 $2.0\mu g/mL$ 的 T-2 毒素水溶液,对豌豆的抑制作用相当为 50%、64%和 90%。检出限量小于 $1\mu g/mL$,$25\mu g/mL$ 浓度的脱氧雪腐镰刀菌烯醇能抑制全部豌豆发芽。

据报道,豌豆发芽抑制试验方法只对单端孢霉烯类毒素有效,对丁烯酸内酯无效。

(3) 鸽子呕吐试验:食用赤霉病麦常使人和家畜,如猪、犬、猫等发生呕吐,家禽对之敏感性较差,一般无呕吐反应。但病麦中的毒素经抽提浓缩后,经灌胃、肌肉注射或静脉注射,也能使雏鸭和鸽子发生呕吐,因此为了饲养和操作方便,可采用鸽子为实验动物,以灌胃法测定样品致呕吐作用的强度。

①测试样品:病麦样品的处理与抑制豌豆发芽法相同,唯病麦粉的用量为 200~300g,最后试液每毫升相当于 5~25g 病麦粉,这视病麦毒性强弱而定。

②实验方法:选用体重 300~400g 之间的菜鸽,观察数日后,进行灌胃实验,经过三次试验的鸽子应予淘汰。

灌胃用具是 5~10mL 的注射器,套上磨钝的兽用粗针头。灌胃时把鸽子的嘴向上拉开,将装有试液的注射器的针头插到鸽子舌根部的后面,推动注射器,注入食管。所灌体积一般为 2~8mL,此后再灌 0.5~1.0mL 水。灌胃完毕,将鸽子放入笼中观察。

剂量以每千克鸽子体重灌多少麦粉计算,一般每个剂量用鸽三只。鸽子的呕吐反应在灌胃后数分钟至 2h 内发生。

据报道,T-2 毒素、HT-2 毒素、镰刀菌烯酮、茄病镰刀菌烯醇及脱氧雪腐镰刀菌烯醇都有使动物发生呕吐的作用。已知脱氧雪腐镰刀菌烯醇对鸽子的最低致呕剂量为20mL/kg。

③幼鸭灌胃试验：取1日龄北京鸭雏鸭，体重约为50g，按不同剂量分组，每组10只。除实验组外，必须有自然对照组和溶剂对照组。

方法：将分组编号的鸭雏置22～25℃室内，试前不进食饮水，灌胃后可自由进食。灌胃是用0.25～1.0mL注射器套上圆头针或细塑料管，插入鸭胃内注射毒素，注射容量一般为0.2mL，其判定方法同鸽子呕吐试验。

(4) 动物皮肤试验：用于镰刀菌毒素的测定。一般用0.05～0.1μg的T-2毒素或0.2～1.0μg的镰刀菌烯酮涂于去毛的大鼠背部，能引起皮肤反应。其他的单端孢霉烯类毒素除木霉素（trichodermin）和木霉醇（tirchodermol）外，涂抹量达100μg时大多能引起皮肤反应。用家兔做试验，T-2毒素的检出量为0.01～0.02μg，如样品加入增效剂（玉米油等），检出量可低到0.005～0.01μg。此外，豚鼠也可用来作皮肤试验。

①测试样品：参照前述方法从病麦中提取粗毒素。将粗毒素溶于醋酸乙酯、丙酮或二甲基亚砜，即成测试溶液。如用于产毒镰刀菌筛选，则按以下程序制备测试样品。

a. 培养物的制备：取食用无霉玉米粉250～300g。加水少量混匀，至手捏成团，一触即散的潮湿状态。盛于500mL三角瓶内至1/3处为宜，塞好棉塞；经121.3℃灭菌30min后，趁热将团块打碎。将纯化的镰刀菌菌种，用2～5mL灭菌蒸馏水制成孢子悬液，然后全部倾注于玉米培养基中，充分振摇混匀，置25～28℃培养两周。在培养过程中，每天振摇一次，以防止菌丝缠结，有利生长发育。如发现基质尚未全部长满菌体可延长培养促进产毒。

b. 培养物毒素的提取：将培养物置于阿诺氏灭菌器内，经100℃灭菌15～30min，然后取出培养物，置70℃烘箱至干。干燥的培养物在乳钵或磨碎机中粉碎。称取干燥培养物200～300g（或不定量），装入洁净的500mL玻塞三角烧瓶内，随后加入乙醚（分析纯）至淹没高出样品1cm左右，盖紧瓶塞，在振荡器上振摇30min（或置4℃冰箱浸泡3昼夜），然后用滤纸将乙醚提取液滤出，抛弃残渣，再将乙醚挥干，即获得油状的粗制毒素。对照提取物，用正常的玉米面亦依照上法进行提取。

②试验方法：选用2～3kg的家兔，在其背部两侧用毛剪细心将毛剪光（切勿剪伤皮肤），直径3～4cm，然后将粗制毒素和对照提取物分别用玻璃棒粘取，涂抹到剪光的两侧皮肤上，每天涂抹两次，共涂4d，观察结果。

③结果断定：在判断结果时，要与对照涂抹部位严格比较，一般按以下标准进行断定：

阴性：涂抹4d后，观察1周，涂部皮肤颜色、厚度均正常。

可疑：涂抹4d后，观察1周，涂部皮肤的一部分变红、微肿、微硬，厚度比正常增加1～2倍，但不形成坏死。

阳性：涂抹4d后，观察1周，变红、肿胀显著，皮厚增加2倍以上，发生坏死，约1周后，涂部结痂脱落。

(5) 小鼠毒性试验：

①测试样品：一般可将粗毒素悬浮于林格氏溶液或精炼食油中，即可用各种给药途径进行试验。筛选产毒菌，则将供试镰刀菌种接种在葡萄糖陈水中，25℃培养4周，用灭菌滤纸过滤，取其滤液进行毒性试验。小鼠腹腔内注射，可取检样10g，加水30mL，浸泡一夜，用滤纸过滤，水浴蒸干，然后加无菌水使每毫升含原检样2g。

②试验方法：取 15～20g 小鼠 5 只，每只皮下（腹腔）注射粗毒素或菌物培养液 0.5mL，观察 7d，每天测体重，饲养 2 周观察结果。

③结果断定：强阳性（++）：5 只中 2～3 只以上死亡，剩下的小鼠体重减轻。弱毒性（+）：全组动物体重减轻或停止生长，但无死亡。无毒性（-）：与对照组相比无差异。

（6）小鼠、大鼠子宫增重试验：本试验是赤霉烯酮特有的生物测试法。

①测试样品：将经镰刀菌感染的谷物在 50℃ 干燥过夜，磨碎，加 5 倍二氯甲烷浸泡 24h。过滤，溶液在 50℃ 蒸去溶剂，所得抽提物可作生物测试。提取溶剂也可选用醋酸乙酯或乙醇，但以二氯甲烷效果为好。

实验动物用刚断奶的雄性大鼠、小鼠或切除卵巢的小鼠，剂量组和对照组各用 5 只。

②实验方法：将抽提出来的毒素和精炼植物油或丙二醇配制成悬浮剂，对实验动物每天进行灌胃、皮下注射或肌肉注射，经 5d 左右，剪颈杀死实验动物，在 1min 内取出子宫，放在生理盐水润湿的滤纸上，用冰保持低温，称各个子宫重量，将各组的平均子宫重量与对照组比较。也可用病麦直接喂养动物 7～12d，观察其雌激素作用的大小。

据报道，赤霉烯酮总剂量在 20～650μg，能使实验大鼠的子宫重量比对照组显著增加，剂量愈大，增重愈多。以禾谷镰刀菌接种培养的病麦饲喂刚断奶的大鼠，其平均子宫重量有时可达到对照组的 8 倍。

（7）抑制鸡胚孵化：本试验用于测定镰刀菌烯酮。将含毒素的水溶液注入孵化 96h 的白来航鸡蛋的卵黄中，每只鸡蛋注入 6μg 毒素。孵化 48h 后检查，死亡率为 50%。剂量增加到 10μg，孵化 24h 后检查，死亡率为 90%。

（8）幼虾毒性试验：干的海虾（*Brime shrimp*）卵能在干燥器中保存，将其浸入 30℃ 的人工配制的海水中，孵化 1～2d，用滴管吸取 20 尾左右孵化出来的幼虾，放在点滴反应瓷板的凹窝处，用放大镜观察死亡率，T-2 毒素、镰刀菌烯酮、二乙酰氧基蕉草镰刀菌烯醇等都有杀死幼虾的作用，其浓度为 0.12～2.0μg。

【思考题】

（1）简述黄曲霉毒素 B_1 的定性检验原理及方法。

（2）简述黄曲霉毒素 B_1 的定量检验原理及方法。

（3）重要的镰刀菌毒素有哪些？

（4）简述检验镰刀菌毒素的化学法和生物学方法及其原理。

第五章

重要动物内科疾病的复制

实验二十七　有机磷制剂中毒

【实验目的】

(1) 了解动物有机磷制剂中毒的原因、临床特征、发病机理和诊断要点。
(2) 掌握动物急性有机磷制剂中毒的一般治疗原则和抢救方法。
(3) 掌握有机磷制剂的实验室定性和定量检验。

【实验准备】

1. 实验动物　健康成年家兔或鸡 15 只,或其他动物(犬、猪或山羊)4 只。

2. 实验器材

(1) 有机磷制剂:

①50% 甲胺磷乳剂(鸡可按 $0.5\ LD_{50}$ 给毒)。

②10% 敌百虫(病例复制剂量见表 5-1)。

③敌敌畏(85% 乳剂),给犬肌肉注射剂量为每千克体重 $30\mu g$。

以上供毒方法任选一种。

(2) 一次性塑料注射器(20mL、10mL、5mL)。
(3) 胃导管。
(4) 动物笼舍。
(5) 一次性输液针头。
(6) 解毒药品:解磷定、硫酸阿托品、维生素 C、10% 葡萄糖注射液、生理盐水。
(7) 定性和定量毒物检验器材。

【实验内容】

(一) 人工病例复制步骤

1. 动物分组　将 21 只健康家兔分成 3 组,每组(学生 10 人/组)7 只,其中每组中 1 只作为空白对照,其余 6 只分为 3 个投毒剂量组(2 只/组)。按表 5-1 经口投予 10% 敌百虫。

2. 投毒前体况检查

(1) 动物分组编号,称体重。
(2) 检测体温、心率和呼吸数。

表 5-1 动物投服敌百虫的剂量（每千克体重，mL）

动物品种	投服 10% 敌百虫			投服生理盐水	中毒参考剂量
	1	2	3	4（对照组）	
家兔	7.5	10	15	10	500~1 100
羊	1.5	2	3	2	100~200
猪	6	8	12	8	350~466

（3）检查精神状态、采食、饮欲情况、可视黏膜颜色，有无出汗、流涎，有无咳嗽、呼吸困难、流鼻液，排粪、排尿情况。

（4）系统检查，主要检查心音、呼吸音、胃肠蠕动音等。

3. 病例复制 将实验动物保定好，插入胃管，根据动物品种、体重不同，用注射器抽取相应剂量的 10% 敌百虫经胃管注入胃内，并记录投毒时间，观察动物中毒表现。

4. 临床检查 及时观察投毒动物的临床表现，记录检查结果。临床检查项目如下：

（1）精神状态。

（2）体温。

（3）心率、心音。

（4）呼吸数。

（5）瞳孔大小。

（6）流涎、出汗情况。

（7）可视黏膜颜色。

（8）听诊胃肠蠕动音。

（9）排粪、排尿情况。

（10）肌肉震颤情况。

（11）胃肠内容物中有机磷制剂检测。

（12）其他。

（二）动物有机磷制剂中毒后的主要临床表现

动物食入有机磷制剂后几分钟至数小时出现中毒症状，一般发病快、死亡快。

1. 中枢神经系统症状 先兴奋，后抑制，重者抽搐、昏迷，严重者呼吸、循环、中枢抑制而死亡。

2. 毒蕈碱样症状（M 样反应） 腺体分泌增加，平滑肌收缩，括约肌松弛。表现为多汗，口吐白沫，大量流涎，流泪，流涕，肺部有湿啰音；呼吸困难，瞳孔缩小，呕吐，腹痛，腹泻，视力模糊，粪、尿失禁。

3. 烟碱样症状（N 样反应） 交感神经兴奋，肾上腺髓质分泌增多。表现为皮肤苍白，心率加快，血压高；骨骼肌-神经-肌肉接头阻断，表现为肌肉颤抖，肌无力、麻痹，呼吸肌麻痹，导致呼吸衰竭。

4. 中毒程度

（1）轻度中毒：精神沉郁，呕吐，出汗，视力模糊，站立不稳，瞳孔缩小；全血胆碱酯酶活力下降到正常值的 70%~50%。

(2) 中度中毒：除上述症状以外，肌束震颤，瞳孔缩小，轻度的呼吸困难，大汗，流涎，腹痛，腹泻，步态蹒跚，血压升高；全血胆碱酯酶活力下降到正常值的 50%~30%。

(3) 重度中毒：除上述以外，昏迷，瞳孔针尖大小，肺水肿，全身肌束震颤，粪、尿失禁，呼吸衰竭；全血胆碱酯酶活力下降到正常值的 30% 以下。

(三) 实验室检查（辅助检查）

1. 全血胆碱酯酶活性测定

(1) 检测样品的采集与处理（见第三章，实验十四）。

(2) 血液胆碱酯酶活性测定：采用全血胆碱酯酶活性试纸测定法。

①原理：胆碱酯酶能水解血液中的乙酰胆碱，产生胆碱和乙酸。由于乙酸的产生，在适宜的温度及条件下，可使酸碱指示剂——溴麝香草酚蓝（BTB）的颜色发生改变（在碱性溶液中显蓝色，在酸性溶液中显黄色），根据颜色变化可判断胆碱酯酶活力的高低。由于有机磷制剂干扰胆碱酶的活性，所以测定血液胆碱酯酶活性，对动物有机磷制剂的中毒具有重要意义。

②试纸及纸片准备：取 BTB 0.14g，加无水酒精 20mL 溶解，再加溴化乙酰胆碱 0.23g（或氯化乙酰胆碱 0.185g），再加 0.2mol/L NaOH（约 0.57mL）把 pH 调整到 6.8 左右（溶液呈黄绿色）。将滤纸浸入上述溶液中，待浸透后，取出避光晾干（应为橘黄色），切成 1cm×2cm 大小，装入棕色瓶中备用，应防潮、防酸碱。

③操作：将上述纸片放在干净的载玻片上，采集病畜耳尖血或静脉血一小滴，滴于纸片的中央，血斑大小以直径 0.6~0.8cm 为宜。立即盖上另一块载玻片将血滴压平，用橡皮筋绑紧，防止干燥。将玻片夹在腋窝下或在 35℃ 以上的室温内放置 20min，然后放在明亮处（不要正对光源）观察血滴中心部的色调变化。根据试纸颜色的变化，判断胆碱酯酶活力的高低。

④结果：当血液滴在试纸上，血斑先呈蓝色，以后逐渐由蓝变红，因为血液 pH 为 7.4，指示剂逐渐变黄，而被血液的红色所掩盖，因而观察呈红色。一般情况下，在有机磷制剂中毒出现明显临床症状时，其酶活力降到 50% 左右，判定指标见表 5-2。

表 5-2 胆碱酯酶活力试纸测定法判断表

色调变化	红色或红紫色	紫色或紫红色	深紫色	蓝色或黑灰色
胆碱酯酶活力（%）	100~80	60	40	20

(3) 注意事项：应做正常血液对照；如纸片加正常血液不变蓝，经 30min 不变红，说明纸片已经失效；观察结果应看第二圈的颜色；如果 10min 后观察结果，其相对活力应该修正为：60% 相当于 100%，40% 相当于 60%，20% 相当于 30%。

2. 有机磷制剂的定性、定量检测（见第四章，实验二十一）

(四) 课堂讨论

每组推荐一名实习学生代表报告人工诱发有机磷制剂中毒病例的临床检查和实验室检查

结果，结合实习指导教师提出的相关问题进行课堂讨论和分析。

课堂讨论的相关问题：

(1) 动物有机磷制剂中毒的可能原因、途径。

(2) 有机磷制剂中毒的发生、发展过程（中毒机理）。

(3) 有机磷制剂中毒的主要临床特征。

(4) 有机磷制剂中毒的诊断要点。

(5) 实验室有机磷制剂分析的真实结果与假阳性。

(6) 动物有机磷制剂中毒与动物非传染性群发病（营养代谢病、应激性疾病）及传染性疾病的区别？

(7) 根据讨论结果，提出急救措施和治疗方案。

(五) 有机磷制剂中毒的急救措施

(1) 经皮肤中毒者，用肥皂水或清水冲洗体表、毛发。

(2) 经口中毒者应选用胃导管反复洗胃，持续引流。由于有机磷制剂中毒存在胃—血—胃及肝肠循环，应小量反复彻底洗胃，洗至洗出液澄清，无味为止。洗胃后，可予以持续胃肠减压，通过负压吸引胃内容物，减少毒物吸收。

(3) 洗胃液选用清水或 1∶5 000 高锰酸钾溶液，如果是对硫磷、马拉硫磷应禁用氧化剂，敌百虫禁用碱性溶液。

(六) 拟定解毒治疗方案

1. 抗胆碱药 与乙酰胆碱争夺胆碱能受体，拮抗乙酰胆碱的作用，对抗呼吸中枢抑制、支气管痉挛、肺水肿、循环衰竭。

(1) 常用药为阿托品：其用量根据病情轻重及用药后的效应而定，同时配伍胆碱酯酶复能剂，重复给药，直至毒蕈碱症状消失，达到阿托品化。阿托品化表现为口干，皮肤干燥，心率在 100 次/min 左右，体温略高，37.3～37.5℃，瞳孔扩大，颜面潮红，肺部啰音消失。一般需维持阿托品化 1～3d。

(2) 盐酸戊乙奎醚（长托宁）：新型的抗胆碱药，宜及早应用，对抗毒蕈碱样、烟碱样和中枢神经系统症状，对 M1、M3 作用强，对 M2 选择性弱，一般不易引起心率加快。

2. 胆碱酯酶复能剂 对恢复胆碱酯酶活性，对抗肌颤、肌无力、肌麻痹有效，应早期应用，在形成"老化酶"之前使用，常用氯磷定。

3. 解毒药使用原则 合并、尽早、足量、重复。

【思考题】

(1) 动物有机磷制剂中毒的原因有哪些？

(2) 动物有机磷制剂中毒主要临床特征和诊断要点有哪些？

(3) 目前在农村使用的有机磷制剂主要品种有哪些？

(4) 如何预防和治疗动物有机磷制剂中毒？

实验二十八 膀胱炎

【实验目的】
(1) 了解膀胱炎的发病原因，炎症的性质。
(2) 观察膀胱炎的发生、发展过程。
(3) 掌握膀胱炎的主要临床特征、诊断要点和鉴别诊断。
(4) 掌握膀胱炎的治疗原则和方法。

【实验准备】
1. 实验动物 健康母牛或母羊2头（1头作为对照）。
2. 实验器材
(1) 母畜金属导尿管（牛用和羊用导尿管）。
(2) 六柱栏2个。
(3) 50 mL金属注射器1个。
(4) 90％医用酒精100mL或松节油100mL。

【实验内容】

(一) 病例复制

先将母牛保定在六柱栏内，实习操作人员（或实习指导教师）用已消毒过的母畜金属导尿管，从外尿道口经穹隆下开口处插入膀胱，然后助手将20mL松节油或90％的30mL酒精用金属注射器直接注入膀胱。大约5min后，实验病牛出现明显的膀胱炎临床症状。

(二) 学生分组及检查

(1) 指导实习的教师先介绍膀胱炎的发病原因：
①机械性刺激或损伤：导尿管，膀胱结石，赘生物，膀胱穿刺，刺激性药物，妊娠后期子宫压迫，肿瘤压迫等。
②邻近器官炎症的蔓延：尿道结石、肾炎、输尿管炎、尿道炎、子宫炎、子宫内膜炎、阴道炎等可蔓延至膀胱而发病。
③某些矿物质过量或缺乏：缺碘能引起毛细血管通透性改变，发生出血性膀胱炎等。
并介绍本次实习是人工诱发膀胱炎病例，由刺激性药物所致。
(2) 实习学生分成两组，一组检查健康母牛（对照），一组检查人工诱发膀胱炎病例。
(3) 临床检查要点：
①体温、呼吸、心率、血压检查。
②姿势检查，精神状态检查。
③皮肤、可视黏膜检查。
④皮肤弹性、温度、湿度检查。
⑤腹痛状态检查。

⑥淋巴结检查。
⑦胸区听诊。
⑧肛指检查。
⑨心脏听诊和X线检查。
⑩B超检查。

(4) 膀胱炎的临床特征：急性膀胱炎可见频频排尿姿势、疼痛不安，但每次只有少量几滴尿或无尿排出。当出现膀胱黏膜过度紧张时，可导致黏膜损伤出血，此时排出的尿液呈淡红色。若炎症侵害黏膜下层时，临床可见体温升高、精神沉郁、食欲减退等症状。腹部触诊，可触及充盈的膀胱，患病动物表现疼痛不安，压迫时有尿液排出。慢性膀胱炎时，症状轻微、病程较长，排尿困难不明显。

(三) 采集病畜尿液检查

(1) 尿液膀胱上皮细胞检查：将尿液离心，取尿沉渣置于载玻片上，在普通显微镜下观察。镜下可见到大量的扁平、多角形膀胱上皮细胞，大量白细胞和红细胞、组织碎片以及磷酸铵镁结晶。

(2) 尿比重和尿管型检查。

(四) 采集病畜血液检查

(1) 红、白细胞计数。
(2) 血沉、红细胞压积、血红蛋白浓度和平均血红蛋白浓度检查。
(3) 血液pH检查。
(4) 血钠、血钾含量检测。

(五) 课堂讨论及病例分析

(1) 学生代表报告病例临床检查和实验室检查结果，说明检查每个项目的目的。
(2) 学生代表概括本病的病因和临床特征。
(3) 由实习指导教师结合人工诱发病例，采取提问方式，启发学生进行病例分析和讨论，并提出治疗方案。
①本病的诊断要点和不支持点。
②与以下相关疾病的鉴别诊断：
肾盂肾炎：肾肿大，肾区疼痛，尿液中有大量白细胞、肾盂上皮细胞及脓细胞。
尿道炎：镜检尿液无膀胱上皮，有排尿障碍。
膀胱麻痹：不随意排尿，膀胱充满，无尿痛，尿检无炎性产物。

(六) 治疗原则与方案

1. 治疗原则 加强护理，抑菌消炎，膀胱内防腐消毒，对症治疗。
2. 治疗方案
(1) 抑菌消炎：抑制膀胱内致病菌的增殖，选用抗菌消炎的药物，如青霉素、链霉素、诺氟沙星、环丙沙星，注意不要使用磺胺类药物。

(2) 对重症膀胱炎，可用1%～2%硼酸、0.1%高锰酸钾、亚甲蓝冲洗膀胱，再灌注青霉素40万～80万IU，2次/d。

(3) 尿路消毒：呋喃妥因，每千克体重12～15mg，口服，2次/d；吡哌酸，每千克体重30mg，口服，2次/d；氨苄青霉素每千克体重30mg，地塞米松每千克体重0.2mg，混合后肌肉注射，2次/d。也可使用中药"八正散"结合肌肉注射20%安钠加10mL效果好，或口服鱼腥草。

(4) 严重病例需要补液解毒、强心。

3. 医嘱 要求学生开出本病的门诊或住院医嘱。

【注意事项】

(1) 主诉（畜主介绍病史）和临床检查，要尽可能全面。

(2) 金属导尿管插入膀胱时，部位要准确，防止插入阴道。

(3) X线检查，要注意检查事项。

实验二十九 反刍动物瘤胃酸中毒

本实验将通过给绵羊灌服乳酸的方法复制急性瘤胃酸中毒模型。

【实验目的】

(1) 掌握瘤胃酸中毒病例的复制方法及其发生、发展过程。

(2) 观察瘤胃酸中毒的临床症状，加深对急性瘤胃酸中毒的认识。

(3) 掌握瘤胃酸中毒的临床和实验室诊断方法。

(4) 掌握瘤胃酸中毒的治疗原则和方法。

(5) 理解瘤胃酸中毒的发病机理。

(6) 了解瘤胃酸中毒的其他可能原因。

【实验准备】

1. 实验动物 成年绵羊或山羊2只，体重25～35kg。

2. 实验设备和药品 橡胶瓶，体温计，听诊器，pH试纸，显微镜，血沉管，乳酸，5%碳酸氢钠，复方氯化钠，生理盐水，10%安钠加等。

【实验内容】

(一) 病例复制

(1) 将乳酸稀释成50%的溶液，备用。

(2) 按照每千克体重5.0mL的剂量，用橡胶瓶给羊灌服乳酸溶液，可分少量多次灌入，并观察动物的反应，防止误入肺部，引起急性死亡或异物性肺炎。

(二) 临床检查

灌服乳酸后，开始观察羊的反应，记录其一系列临床症状变化，并与对照组比较。

(1) 观察运动行为、精神状态、皮肤弹性、眼结膜变化、呼吸情况等。

(2) 观察粪、尿的数量及颜色变化。

(3) 测定体温、脉搏和呼吸数。

(4) 听诊瘤胃蠕动音，大肠、小肠蠕动音，并进行听—叩诊结合。同时听诊心区和肺部，并与对照组相比较。

(5) 对瘤胃实施叩诊，确定其是否发生瘤胃臌胀。

(三) 实验室检查

(1) 瘤胃液 pH 测定。

(2) 瘤胃内纤毛虫数量及活力的测定。

(3) 血常规检测。

(4) 检测血液中乳酸的含量。

(5) 有条件的进行血浆二氧化碳结合力测定分析，为后面的治疗提供参考。

(四) 诊断

本病根据病畜表现脱水，瘤胃胀满，卧地不起，具有蹄叶炎和神经症状，听-叩诊结合听到钢管音，以及实验室检查的结果：瘤胃液 pH 下降至 4.5～5.0，血液 pH 降至 6.9 以下，尿液 pH 降至 5 以下，红细胞压积上升至 50%～60%，血液乳酸升高等，进行综合分析与论证，可做出诊断。

(五) 治疗

1. 治疗原则 加强护理，清除瘤胃内容物，纠正酸中毒，补充体液，恢复瘤胃动力。

2. 治疗方法

(1) 加强护理：治疗过程中，先绝食 1～2d，然后喂给优质干草。另外，要限制饮水，因瘤胃酸中毒后，瘤胃积液，且渴欲增加，如饮水过量，易促成死亡。

(2) 清除瘤胃内容物：重症病例，用碱性溶液洗胃，最好用石灰水（石灰：常水=1：5，使用上清液），也可用 1%～3% 的碳酸氢钠。其操作方法是用大口径胶管经口插入瘤胃内，尽量排出胃内液体和食糜，然后注入石灰水或 1%～3% 的碳酸氢钠，注入后再排出，如此反复多次，直至瘤胃液变为碱性为止。

(3) 纠正酸中毒：静脉注射 5% 碳酸氢钠溶液 200～500mL，一般先注射半量，然后再根据血浆二氧化碳结合力（测定方法见第二章，实验十）和尿液 pH 变化情况决定增注的量，达到正常水平即可停止注射。

(4) 补充体液：可用等渗糖盐水、复方氯化钠溶液或生理盐水 500～1 000mL。一般先从低剂量开始，同时观察病畜的表观。如果在输液后，病畜精神好转，心跳数逐渐减少，心音有力且节律好转，开始排尿，表示输液合适，否则表示输液不足，还应补加液量。如果病畜表观呼吸困难，心跳数增加，肺出现湿性啰音，甚至有泡沫样鼻液，且无尿，应停止输液。

(5) 恢复瘤胃动力：应用健胃药或拟胆碱药。

(6) 对症治疗：动物出现神经症状，应用镇静药；防止自体中毒，可用樟脑酒精注射液；心脏衰弱，可用强心剂；降低颅内压，可用 20% 甘露醇或山梨醇 100～200mL，静脉注射。

(7) 手术治疗：特别严重者，应进行瘤胃切开术，取空瘤胃内容物，并用 3% 碳酸氢钠或清水洗涤瘤胃数次，尽可能彻底地洗去乳酸。

【注意事项】

(1) 采取少量多次的原则灌服乳酸，并随时对动物进行检查，以免乳酸过量而造成动物死亡。

(2) 洗胃或胃管投药时，切忌粗暴，动作要轻柔，以免损伤动物或灌药入肺，造成异物性肺炎或死亡。

【实验报告】

(1) 填写实验情况登记表（表5-3）。

表5-3 瘤胃酸中毒实验情况记录表

动物种类			性别		体重		毛色	
药物使用剂量								
乳酸用量								
		指标		复制前		复制后		治疗后
临床检查		体温						
		脉搏						
		呼吸数						
		心率和心律						
		瘤胃蠕动						
		眼结膜颜色						
		食欲						
		粪、尿变化						
实验室检查		瘤胃液pH						
		纤毛虫数量和活力						
		血常规变化						
		血液乳酸含量						
其他症状								
处方								
治疗结果								

(2) 分析能引起瘤胃酸中毒的其他原因。

(3) 阐述瘤胃酸中毒的发病机理。

实验三十 食盐中毒

【实验目的】

(1) 了解动物食盐中毒的原因。

(2) 掌握动物食盐中毒的临床表现及诊断要点。

(3) 掌握食盐中毒的检测内容及方法。

(4) 掌握动物食盐中毒的治疗原则和一般救治方法。

【实验准备】

1. 实验动物　鸡20只或其他动物（猪或牛）若干头（4头以上）。

2. 实验材料　食盐、动物开口器、胃导管、动物笼舍、一次性注射器（20mL、10mL、5mL各若干）、一次性输液针头若干、粉碎机、研钵、分样筛（孔径0.45mm）、电子天平（分度值0.1mg）、手术剪、试管、吸管、移液管、小玻璃瓶、容量瓶、酸式滴定管和小烧杯等；硝酸、硫酸铁、硫氰酸铵、氯化钠、硝酸银、铬酸钾等均为分析纯（AR）、蒸馏水和定性滤纸等。

【实验内容】

（一）动物分组

以鸡为实验动物，分成5个组，每组4只鸡，其中1只作为空白对照，3只按不同剂量胃管投服食盐。若以其他动物为实验动物，分成一个组，其中1只作为空白对照，3只按不同剂量胃管投服食盐，条件允许时亦可增加实验动物。

（二）投服食盐前体格检查

(1) 动物分组编号，称体重。

(2) 测定体温、脉搏数、呼吸次数。

(3) 观察动物精神状态，瞳孔大小，可视黏膜色泽，有无流涎、出汗现象，有无呼吸困难、咳嗽、流鼻液，饮食欲情况，单胃动物有无呕吐，排粪及粪便状况，排尿状况。

(4) 进行各系统检查，重点听诊呼吸音、心音及胃肠蠕动音，检查反刍动物的反刍功能及瘤胃状态。

（三）病例复制

实验动物进行确实保定，打开口腔（大动物需要安装开口器），插入胃导管，在确定胃导管插入胃内后，根据动物品种、体重不同，由胃导管向胃内灌注中毒相应剂量（表5-4）的食盐水（食盐用适量的生理盐水溶解），并保证食盐水完全注入胃中。抽出胃管，同时记录投服时间，随后观察动物的临床表现。

给动物投服食盐的中毒剂量可参考表5-4。

表5-4　动物投服食盐的参考中毒剂量（每千克体重，g）

动物品种	投服食盐			投服生理盐水	中毒参考剂量
	第一只	第二只	第三只	第四只	
鸡	2	3	4	3	2~5
羊	5	6	7	6	6
牛	2	2.2	2.5	2.2	2.2
犬	3.5	4	4.5	4	4

（四）临床检查

投服中毒剂量的食盐饱和溶液后，及时进行临床检查，定期观察动物的表现并详细记录检查结果。重点观测内容见表5-5。

表5-5 动物食盐中毒体格检查记录表

项 目	投服食盐前				投服后			
					投服食盐			生理盐水
	第一只	第二只	第三只	第四只	第一只	第二只	第三只	第四只
体重（kg）								
体温（℃）								
呼吸数（次/min）								
脉搏数（次/min）								
精神状况								
瞳孔大小								
可视黏膜色泽								
流涎及出汗								
一般消化功能								
排粪及粪便状况								
胃肠检查								
呼吸系统检查								
循环系统检查								
排尿及尿液检查								
肌肉震颤								
其他								

根据临床观察，各种动物的中毒症状有所不同：

1. 鸡 精神委顿，运动失调，两脚无力或麻痹，食欲废绝，强烈口渴。嗉囊扩张，口和鼻流出黏液性分泌物。常发生腹泻，呼吸困难，最后因呼吸衰竭而死亡。

2. 猪 烦躁不安、兴奋、转圈、前冲、后退，肌肉痉挛、身体震颤，齿唇不断发生咀嚼运动，有的表现为吻突、上下颌和颈部肌肉不断抽搐，口角出现少量白色泡沫。口渴，常找水喝，直至意识扰乱而忘记饮水。同时眼和口黏膜充血，少尿。而后躺卧，四肢做游泳状动作，呼吸迫促，脉搏快速，皮肤黏膜发绀，最后倒地昏迷，常于发病后1～2d死亡，也有些拖至5～7d或更长。病猪体温正常，仅在惊厥性发作时，体温偶有升高。

3. 牛 食欲减退，呕吐，腹痛和腹泻。同时，出现视觉障碍，最急性者可在24h内发生麻痹，球节挛缩，很快死亡。病程较长者，可出现皮下水肿，顽固性消化障碍，并常见多尿、鼻漏、失明、惊厥发作或呈部分麻痹等神经症状。

4. 犬 表现运动失调，失明，惊厥或死亡。

5. 马 表现口腔干燥，黏膜潮红，流涎，呼吸迫促，肌肉痉挛，步态蹒跚，严重者后躯麻痹。同时有胃肠炎症状。

（五）病理变化

急性食盐中毒一般表现为消化道黏膜的充血或炎症，牛主要发生在瘤胃和真胃，猪仅限于小肠。病程稍长的死亡牛可见骨骼肌水肿和心包积水。鸡仅有消化道出血性炎症。猪食盐中毒的组织学变化为嗜酸性粒细胞性脑膜脑炎，即脑和脑膜血管周围有嗜酸性粒细胞浸润，血管扩张、充血，有透明血栓形成，血管内皮细胞肿胀、增生，核空泡化。血管外周的间隙水肿增宽，有大量的嗜酸性粒细胞浸润，形成明显的"管套"现象，但是仍然可观察到大脑皮层和白质间区形成的空泡。同时肉眼观察，可见脑水肿、软化和坏死病变。

（六）实验室检验

实验室检验一般可根据眼结膜囊内氯化物、肝中氯化物、血清氯化物及血清中钠含量的测定结果来进行判断。具体方法详见第四章实验二十。

（七）诊断

了解病史，结合神经和消化机能紊乱的典型症状，病理组织学检查发现特征性的脑与脑膜血管酸性粒细胞浸润，可做出初步诊断。

确诊需要测定体内氯离子或钠的含量。尿液氯含量大于1%为中毒指标。血浆和脑脊髓液钠离子浓度大于160mmol/L，尤其是脑脊液钠离子浓度超过血浆时，为食盐中毒的特征。大脑组织（湿重）钠含量超过1 800mg/kg，即可出现中毒症状。

借助微生物学检验、病理组织学检查可与伪狂犬病、病毒性非特异性脑脊髓炎、马属动物霉玉米中毒、中暑及其他损伤性脑炎鉴别。另外，应与有机磷制剂中毒、重金属中毒、胃肠炎等疾病进行鉴别诊断。

（八）治疗

在观察动物中毒表现阶段，提出治疗方案，写出治疗处方。

当出现食盐中毒的临床症状后，开始进行救治。并记录开始救治的时间、用药情况以及救治后症状改善情况和结果。

目前，尚无特效解毒药。对初期和轻症中毒病畜，可采取排钠利尿、双价离子等渗溶液输液及对症治疗措施。

（1）发病早期，立即供给足量饮水，以降低胃肠中的食盐浓度。猪可灌服催吐剂（硫酸铜0.5～1g或酒石酸锑钾0.2～3g）。若已出现症状时则应控制为少量多次饮水。

（2）应用钙制剂：牛、马可用5%葡萄糖酸钙溶液200～500mL或10%氯化钙溶液200mL静脉注射；猪、羊可用5%氯化钙明胶溶液（明胶1%），每千克体重0.2g分点皮下注射。

（3）利尿排钠：可用双氢克尿噻，以每千克体重0.5mg内服。

（4）解痉镇静：5%溴化钾、25%硫酸镁溶液静脉注射；或盐酸氯丙嗪肌肉注射。

（5）缓解脑水肿、降低颅内压：25%山梨醇或甘露醇静脉注射；也可用25%～50%高渗葡萄糖溶液进行静脉或腹腔（猪）注射。

（6）其他对症治疗：口服液体石蜡以排钠；灌服淀粉黏浆剂保护胃肠黏膜；鸡中毒初期可切开嗉囊后用清水冲洗。

【实验总结】

（1）对动物发病前、发病后和治疗后的临床体格检查应全面，并做详细的记录。

（2）插入胃导管过程中应小心，并确定其进入胃内，注意避免把药液灌入到气管中。

（3）建立诊断时注意将本病与一些相似的疾病进行鉴别诊断。

（4）治疗要及时，当动物出现典型临床症状时，应立即实施治疗，避免动物中毒死亡，导致实验提前结束。

（5）实验室检验应严格按照操作步骤进行，任何粗心大意都有可能造成检验结果的不准确。

（6）检测钠和氯所用水和试剂纯度要高，器皿要清洗干净，防止检验结果出现假阳性或含量升高。

【思考题】

（1）食盐中毒时，临床上各种动物有哪些中毒临床表现？

（2）诊断动物发生食盐中毒的主要诊断依据是什么？

（3）动物发生食盐中毒时，常采取哪些处理措施？

实验三十一　硒缺乏病

【实验目的】

（1）掌握动物硒缺乏病的临床表现、病理变化和诊断要点。

（2）掌握动物硒缺乏病的治疗原则。

（3）熟悉动物硒缺乏病的病因和硒的实验室检测方法。

（4）了解硒缺乏病动物模型的复制方法。

【实验准备】

1. 实验器材　听诊器、体温计、解剖刀、解剖剪、镊子、全自动血细胞分析仪、荧光分光光度计或原子吸收分光光度计。

2. 实验动物　1日龄雏鸡、雏鸭，30日龄左右仔猪或犊牛，实验动物要求没补过硒。

3. 低硒日粮

（1）雏鸡低硒日粮配方：见表5-6。

表5-6　雏鸡低硒日粮配方

成　分	含量（%）	成　分	含量（%）
玉米	67	磷酸氢钙	1.6
豆饼	29.7	石粉	1.3

(续)

成　分	含量（%）	成　分	含量（%）
加碘食盐	0.3	微量元素①	
蛋氨酸	0.1	多种维生素②	

注：①微量元素：每千克日粮，硫酸铜20mg，硫酸铁100mg，硫酸锰150mg，硫酸锌100mg。
②复合多维：每千克日粮200mg，内含维生素A、维生素D、维生素E、维生素K、B族维生素、泛酸和烟酸。另添加胆碱，每千克日粮1.2g。经测定玉米硒含量为0.005 42mg/kg，豆饼硒含量为0.026 25mg/kg，总硒含量应低于每千克日粮0.05mg。

（2）雏鸭低硒日粮配方：见表5-7。

表5-7　雏鸭低硒饲料配方

成　分	含量（%）	成　分	含量（%）
玉米	64	加碘食盐	0.3
豆饼	30	蛋氨酸	0.2
麦麸	3.0	微量元素①	
贝粉	0.5	多种维生素②	
磷酸氢钙	2.0		

注：①微量元素：每千克日粮，硫酸铜20mg，硫酸铁100mg，硫酸锰150mg，硫酸锌100mg。
②复合多维：每千克日粮，200mg，内含维生素A、维生素D、维生素E、维生素K、B族维生素、泛酸和烟酸。另添加胆碱，每千克日粮1.2g。经测定玉米硒含量为0.005 4mg/kg，豆饼硒含量为0.026 3mg/kg，麦麸硒含量为0.014 1mg/kg，总硒含量应低于每千克日粮0.05mg。

（3）仔猪低硒日粮配方：见表5-8。

表5-8　仔猪低硒饲料配方

成　分	含量（%）	成　分	含量（%）
玉米	64	食盐	0.3
豆饼	30	磷酸氢钙	1.5
小麦粉	3.3	添加剂①	0.5
贝粉	0.4		

注：①添加剂含多种维生素（每千克日粮200mg）：维生素A、维生素D、维生素E、维生素K、B族维生素、泛酸和烟酸；微量元素：每千克日粮，铁78.0mg、锌78.0mg、锰30.0mg、铜4.90mg、碘0.14mg。基础日粮中总硒含量为0.02mg/kg，其中玉米硒含量为0.003mg/kg，豆饼为0.007mg/kg，小麦粉为0.008mg/kg。

（4）犊牛低硒日粮组成：犊牛低硒日粮由青贮与低硒精饲料、羊草合理配比制成，比例为2.5∶1∶1，见表5-9。

表 5-9 犊牛低硒精饲料配方

成 分	含量（%）	成 分	含量（%）
玉米	53	食盐	1
豆饼	12	小苏打	1
脱酚棉糖蛋白	12	石粉	1.5
玉米胚芽粕	11	磷酸氢钙	0.5
棉粕	7	添加剂①	1

注：①添加剂含微量元素：每千克体重，铁 8 000mg、锌 15 000mg、锰 8 000mg、铜 2 400mg、碘 200mg、钴 100mg；多种维生素（每千克体重250mg）：维生素 A、维生素 D、维生素 E、维生素 K、B族维生素、泛酸和烟酸。

【实验内容】

(一) 病例模型复制

1 日龄雏鸡或雏鸭，经7d预实验后，饲喂低硒日粮，常规饲养，定期免疫，每日观察雏鸡或雏鸭的临床表现，一般在20～40日龄时即可成功复制出病例模型。

25～30 日龄仔猪或犊牛，驱虫，经7d预实验后，饲喂低硒日粮，常规饲养，定期免疫，一般约20d后即可成功复制出病例模型。

(二) 病史调查要点

(1) 动物的品种、年龄、产地，平时的饲养管理情况，周围环境及牧场上有无喷施过硒肥等。

(2) 防疫情况，是否进行过防疫，防疫的时间，疫苗的产地、批号、保存和运输情况，使用方法等，以确认防疫的效果。

(3) 发病情况，发病时间，确定病程，死亡情况，是否有突然死亡的动物，死亡动物的个体发育情况，发病率和病死率等。

(4) 发病动物的临床表现，如精神状态、食欲、姿势、运动、泌乳量、体温、脉搏、呼吸、反刍、排粪、排尿等的变化以及有无腹痛不安、腹泻、便秘、流涎、咳嗽、呻吟等异常现象。

(5) 发病的经过，发病后临床表现的变化，包括出现什么新症状，是否经过治疗，用过什么药物，疗效如何。

(6) 既往发病情况，病畜过去的健康情况，包括曾患过的疾病，特别是有无发生过类似疾病或与现病有密切关系的疾病。同时应了解病畜所在畜群、畜牧场过去的患病情况；是否发生过类似疾病，其经过及转归如何；本地区及邻近畜牧场、农户有无常在性疾病及地方性疾病。

(三) 临床症状的观察要点

(1) 测量体温、呼吸和脉搏。

(2) 整体状态，主要检查患病动物的精神状况、体格发育程度、营养状况、姿势、步态、运动、有无举止行为异常等。

(3) 表被状态和皮下组织的检查，重点检查皮下和可视黏黏膜的颜色，是否有渗出等。

(4) 心脏大小、心搏动强度、心率、心律和心杂音等。

(5) 生理活动检查，包括观察动物的呼吸运动、采食、咀嚼、吞咽、反刍、嗳气、排粪、排尿等，同时应注意有无呼吸困难、流鼻液、咳嗽、呕吐、流涎、腹泻、尿淋漓、瘫痪、肌肉痉挛等异常现象。

（四）病理剖检变化的观察

1. 剖检检查要点

(1) 注意观察体表状态，是否有水肿、腹围的变化、皮肤黏膜的颜色等。

(2) 皮下是否有蓝绿色水肿液渗出，腹腔是否有积液及其颜色如何。

(3) 心肌是否有出血、坏死。

(4) 胃黏膜是否有充血，禽类肌胃是否有出血、坏死、溃疡等。

(5) 肝脏是否有变性、出血、坏死。

(6) 胰腺是否有纤维化。

(7) 背部、臀部肌肉是否有凝固性坏死。

2. 各种发病类型的病理剖检变化

(1) 禽渗出性素质：心包腔及脑、腹腔积液，皮下呈蓝（绿）色水肿。渗出区域及其附近常有点状或斑纹状皮下出血，有时伴有凝固样肌肉坏死。

(2) 肌营养不良：骨骼肌色淡，四肢、臀背部肌群呈黄白色或灰白色斑块、斑点或条纹状变性、坏死，兼有出血。有的幼畜于咬肌、舌肌及膈肌可见类似病变。胃肠道平滑肌变性、坏死，尤以胃、十二指肠更为明显。

(3) 仔猪桑葚心：心肌松弛，体积增大，心内外膜有黄白色、灰白色点状、斑状或条纹状坏死灶，间有出血，类似桑葚样外观。心肌间有灰白或黄白色条纹状变形和斑块状坏死区。肺水肿，胃黏膜潮红。

(4) 仔猪肝营养不良：肝表面凹凸不平，慢性病例的出血部位呈暗红乃至红褐色，坏死部位萎缩，结缔组织增生。正常肝组织与红色出血性坏死的肝小叶及白色或淡黄色缺血性凝固性坏死的小叶混杂在一起，形成花肝外观。

(5) 胰腺纤维变性：胰腺色泽变淡，体积变小，触之发硬。组织学可见，腺泡腔扩大，成纤维细胞侵入腺泡腔，原来的腺细胞萎缩后，仅留下浓染的细胞核，排成一圆圈结构，圆圈外周为纤维组织环绕。

（五）实验室检验

1. 血常规检验 红细胞总数及血红蛋白量均低于正常值。

2. 组织样和血液硒含量的检测 正常猪肝硒含量为 0.3mg/kg，心肌硒含量为 0.164mg/kg；病猪肝硒含量为 0.068mg/kg，心肌硒含量为 0.051mg/kg。正常绵羊和牛肝的硒含量约为 1.0mg/kg 和 0.7mg/kg（湿重），缺硒时绵羊肝硒含量可降至 0.12mg/kg。发病动物群饲料中硒含量<0.03mg/kg（正常饲料硒水平应为 0.1～0.3mg/kg）。临床上常以血硒水平作为衡量机体硒营养状态的可靠指标。牛、羊血硒水平低于 0.05mg/kg，表明硒缺乏。仔猪、雏鸡血硒含量 0.03mg/kg 以下，表明硒缺乏。

3. 酶活力检测 广泛用于心肌、骨骼肌、肝脏及其他器官组织病变的诊断。

（1）肌酸磷激酶（CPK）：适用于肌营养不良的诊断，患病畜禽酶活性明显增高。

（2）乳酸脱氢酶（LDH）：骨骼肌、心肌、肝脏受损时，该酶及其同工酶活性均明显增高。

（3）谷胱甘肽过氧化物酶（GSH-Px）：动物缺硒情况下，血硒水平与 GSH-Px 活力呈正相关，临床多用该酶活力评价动物硒营养状况。

（4）异柠檬酸脱氢酶（ICO）、天门冬氨酸转移酶（AST）：也是必要的辅助性检查指标。

4. 诊断性治疗 应用硒制剂治疗，取得良好效果，即可作出诊断。

（六）治疗

在饲料中添加动物需要量的硒 0.1～0.2mg/kg（相当于亚硒酸钠 0.22～0.44mg/kg）是省时、省力、省钱和有效地防治方法，反刍动物也可应用植入瘤胃或皮下的缓释硒丸。

对小群体动物可采用肌肉注射亚硒酸钠注射液进行治疗，犊牛 0.1％亚硒酸钠 5mL，肌肉注射；仔猪 0.1％亚硒酸钠 1～2ml，肌肉注射；鸡只发现症状后，全群立即在饲料中添加 0.2mg/kg 硒，充分拌匀进行饲喂，或按每千克体重，自由饮水，同时饲料中增加蛋氨酸的补给量。

【实验总结】

（1）注意人畜安全。

（2）由于建立动物硒缺乏病病例模型时间较长，实验前需要 1 个月左右的时间开始病例模型的复制，此期间要注意健康动物和缺硒动物饲料不能混淆，以免造成缺硒病例模型复制失败。

（3）本病有多种临床类型，在进行病史采集，临床检查和对死亡病畜（禽）剖检时，应尽可能全面记录并及时拍照。

（4）各小组写出自己的治疗方案，由老师检查后方可进行治疗。

（5）缺硒病的防治方法有多种，可以植物叶面喷洒硒肥、饲料中添加、肌肉注射、饮水补给，反刍动物可以用含硒缓释丸剂等，可根据实际情况确定防治方案。

（6）如需进行必要的实验室辅助检查，应由老师带领，严格按照操作步骤进行。切不可马虎大意，导致检验结果不准确。

（7）建立诊断时应注意将本病与一些相似的疾病进行鉴别诊断。首先应与跛行性疾病进行鉴别诊断，如风湿、肌病、关节疾病及运动神经损害等；其次应与其他有腹泻症状的疾病相鉴别，如病毒性胃肠炎、细菌性胃肠炎、寄生虫性胃肠炎等；最后应与伴有渗出性素质性疾病相鉴别。

【思考题】

（1）畜禽硒缺乏病的病因有哪些？

（2）畜禽缺硒病检验的病料如何采集？

（3）畜禽缺硒病的临床表现和剖检变化有哪些？

主要参考文献

陈云,黄义强.1995.兽医内科学[M].重庆:西南师范大学出版社.
崔保安,宁长申.2002.兽医知识全书[M].郑州:河南科学技术出版社.
崔中林.2007.奶牛疾病学[M].北京:中国农业大学出版社.
崔中林,熊道焕.1990.兽医临床诊疗数值[M].北京:农业出版社.
邓俊良.2007.兽医临床实践技术[M].北京:中国农业大学出版社.
东北农业大学.2001.兽医临床诊断学实习指导[M].北京:中国农业出版社.
耿芳宋,杨立廷,陈培勋,等.1991.血酮体定量及其临床应用[J].青岛医学院学报,27(4):280-283.
郭定宗.2006.兽医临床检验技术[M].北京:化学工业出版社.
郭定宗.2005.兽医内科学[M].北京:高等教育出版社.
韩博.2005.动物疾病诊断学[M].北京:中国农业大学出版社.
贺永建,李前勇.2005.兽医临床诊断学实习指导[M].重庆:西南师范大学出版社.
侯振江.2004.新编临床检验医学[M].北京:军事医学科学出版社.
江苏省畜牧兽医学校.1996.兽医操作技巧250问——实用兽医药丛书[M].北京:中国农业出版社.
李凤奎.2007.实验动物与动物实验方法学.郑州:郑州大学出版社.
李毓义,张乃生.2003.动物群体病症状鉴别诊断学[M].北京:中国农业出版社.
林德贵.2004.动物医院临床技术[M].北京:中国农业大学出版社.
林玉才,杨颗粒,武瑞.2010.硒缺乏对雏鸡免疫器官生长发育的影响[J].黑龙江畜牧兽医,5:115-116.
陆菊明,谷伟军.2008.血酮体测定方法及临床应用进展[J].药品评价,5(12):569-570.
倪有煌,李毓义.兽医内科学[M].北京:中国农业出版社,1996.
乔林,周吕蒙,杨淑娟.2004.血清降钙素原检测对重危患者的诊断、疗效及预后观察[J].四川医学,25(11):1247-1248.
石发庆,康世良,徐忠宝,等.1984.雏鸭缺硒病的实验研究[J].东北农学院学报,3:46-57.
时玉声,崔中林.1989.兽医临床检验手册[M].上海:上海科学技术出版社.
谭学诗.1999.动物疾病诊疗[M].太原:山西科学技术出版社.
唐兆新.2006.兽医内科学实验教程[M].北京:中国农业大学出版社.
唐兆新.2002.兽医临床治疗学[M].北京:中国农业出版社.
王建华.2002.家畜内科学[M].第三版.北京:中国农业出版社.
王建华.2010.兽医内科学[M].第四版.北京:中国农业出版社.
王俊东.2005.兽医药实验室检验技术[M].北京:中国农业科学出版社.
王庆雄,梁小红,毋福海,等.1999.荧光光度法测定全血硒的研究[J].中国卫生检验杂志,9(3):163-165.
王小龙.2009.畜禽营养代谢病与中毒病[M].北京:中国农业出版社.
王小龙.2004.兽医内科学[M].北京:中国农业大学出版社.
王庸晋.2007.现代临床检验学[M].第二版.北京:人民军医出版社.

王治华,王岩,杨志飞,等.2004.日粮中硒对奶牛泌乳性能的影响[J].安徽技术师范学院学报,18(5):5-7.
徐世文,唐兆新,李艳飞.2010.兽医内科学[M].北京:科学出版社.
杨春生,宋乃国.1998.临床检验学[M].天津:天津科学技术出版社.
张德群.2004.兽医专业实习指南[M].北京:中国农业大学出版社.
中国人民解放军兽医大学.1991.兽医防疫与诊疗技术常规[M].长春:吉林科学技术出版社.
周新民.2004.兽医操作技巧大全[M].北京:中国农业出版社.
Blood D C,等.1984.兽医内科学[M].第五版.翟许久,等,译.北京:农业出版社.
Steven E Crow, Sally O Walshaw.2004.犬猫兔临床操作技术手册[M].梁礼成,译.北京:中国农业出版社.

图书在版编目（CIP）数据

兽医内科学实验指导 / 王建华主编 . —北京：中国农业出版社，2013.5（2024.8重印）
　普通高等教育农业部"十二五"规划教材　全国高等农林院校"十二五"规划教材
　ISBN 978-7-109-17749-9

Ⅰ.①兽…　Ⅱ.①王…　Ⅲ.①兽医学-内科学-实验-高等学校-教学参考资料　Ⅳ.①S856-33

中国版本图书馆 CIP 数据核字（2013）第 058438 号

中国农业出版社出版
（北京市朝阳区农展馆北路 2 号）
（邮政编码 100125）
责任编辑　武旭峰　王晓荣
文字编辑　武旭峰

北京中兴印刷有限公司印刷　新华书店北京发行所发行
2013 年 6 月第 1 版　2024 年 8 月北京第 4 次印刷

开本：787mm×1092mm　1/16　印张：10
字数：235 千字
定价：25.00 元
（凡本版图书出现印刷、装订错误，请向出版社发行部调换）